U0158779

后浪

树的故事

改变人类生活的100种树

[英] 凯文·霍布斯
[英] 大卫·韦斯特 ○著
[法] 蒂博·赫勒姆 ○绘

李文远 ○译

北京联合出版公司
Beijing United Publishing Co.,Ltd.

目　录

前　言

《树的故事：改变人类生活的100种树》是一部经作者深入研究后写就的著作，读来有老友重逢之感。它不仅令我们回想起熟悉的树木，同时也激发了我们的兴趣，去了解那些不太熟悉或未知的细节和历史。无论是经验丰富的植物学专家，还是偶然发现这本令人印象深刻的好书的业余植物爱好者，读此书都能引发他们的好奇心。树木的价值是毋庸置疑的，它们对地球生物的生存环境做出了重大贡献。

本书在事实查证和讲故事之间保持着一种微妙的平衡。作者在介绍每一种树时，不仅讲述了引人入胜的植物学知识，还剖析了该树种在不同时期的地理分布情况，再毫无痕迹地衔接了一些有趣的逸事，表明它们是如何改变人类生活的。凯文·霍布斯和大卫·韦斯特以一种轻松的方式论述这个主题，实际上，他们曾周游世界各地，进行过大量的事实查证工作。两人堪称现代的植物标本采集者，他们以简短精悍、迷人的民族植物学故事强调了植物对于人类的重要性。显然，他们在这方面具备全球化的意识。书中的故事自始至终都围绕树木本身展开，叙事结构则以时间顺序为主线，以证明树木在人类的生活中发挥了重要作用。

引人入胜的故事逐个展开，比如核桃（*Juglans regia*），是“人类最古老、最健康的食物之一”，近年来以其富含 ω-3 脂肪酸和抗氧化剂而闻名。然而，“关于核桃树最早的文字记载来自美索不达米亚（今天的伊拉克）的迦勒底人，当地出土的古代泥板铭文以自豪的语气描述了大约公元前2000年巴比伦空中花园的核桃林”。我从小就在伊拉克的一个欧洲移民社区长大，看过很多关于美索不达米亚文化如何影响人类历史的书籍，并深深为之着迷。我想，读者同样会对这些对他们的人生有着直接影响的树的故事着迷。

我在作物生理学和植物科学领域拥有24年从业经验，重点关注树木的生理机能，比如树木是如何发挥功能的。举个例子，在世界上某些最高的树木体内（如北美红杉），水分要从根部移动到最顶部的叶子，就得经过一段大约120米的垂直距离。只有通过结构的适应性变化、途径和压力差的复杂的相互作用，才有可能实现这一了不起的成就。然而，树木令我们惊讶的地方不仅仅是其复杂的构造，它们还有一种魔力，让我们站在它们面前时内心充满敬畏感。例如，有些树木已经在地球上生存了数百年甚至数千年，见证了周边事物的兴衰变化，我们人类站在树底下，也许会惊叹不已。

树木在人类文明和社会群体中所扮演的角色可以用人类与自然世界的内在联系加以解释，这种联系通常被描述为“人类热爱生命的天性”（Biophilia）。美国博物学家爱德华·O. 威尔逊于 1984 年首次将此概念定义为“与其他生命形式交往的强烈欲望”。因此，这一哲学理论跨越了科学探索和精神探索的边界。在《树的故事：改变人类生活的 100 种树》中，作者将两者成功地结合在一起。他们用迷人的文字讲述了树木的重要性，同时，他们还把树木的特性与不同时代的人类历史联系起来。

亚利桑德拉·瓦格斯塔夫博士

Dr. Alexandra Wagstaffe

序 言

树木对人类的生存和发展至关重要。除了知道树木提供人类呼吸的新鲜空气外，我们其实并不真正了解树木在我们祖先和我们今天的生活中所发挥的重要作用，比如：树木给我们提供了印刷这些文字的纸张、人们爱喝的咖啡、建筑装饰的材料，以及让我们拥有舒适的家。我们四处旅行时乘坐的汽车需要化石燃料驱动，车的轮胎也是橡胶制成的；我们经过的街道绿树成荫；在商店里，我们往购物车里放入来自树木的产品，包括水果、坚果、香辛料和用软木塞密封的酒；我们用清漆（含有虫胶，一种虫子吸食树木汁液后分泌的树脂）涂刷房子和家具，用树汁制成的溶剂清洗木柄刷子。树木的用途不止于此，它们还可以用来生产药品、化妆品、衣服等大量商品。事实上，即使在科技如此发达的现代世界，树木仍然继续发挥着重要作用，航天器隔热层中使用的软木树皮材料就是明证。

我们的远古祖先与大自然的关系更为密切，他们懂得充分且可持续地利用当地的森林资源。对许多人来说，树木具有重要的文化、宗教意义，它们被视为神赐的礼物或者神的化身。对树木的崇拜在古代是显而易见的，事实上，在如今的许多文化当中，人类对树木的崇拜被继承下来。无论如何，许多国家的富足和成功都源于它们经营本国或他国的森林资源。陆地和海上贸易路线有助于树种资源和相关知识的传播。如果气候适宜，树种资源会传播到原产地之外，并且在自然或人工条件下不断进行杂交繁育。

在人类利用和管理自然资源的过程中，树木成为第一批栽培植物。遗憾的是，因木材或树木衍生物而受到人类重视的树木，待遇往往截然相反。人们以毁灭性的方式获取木材，滥砍滥伐，从而威胁到森林资源安全。很多国家都想方设法控制宝贵的森林资源。人类的许多冲突都是由森林及树木衍生物引发的，这些冲突往往以牺牲土著居民为代价。当强大的国家、企业争夺森林资源控制权时，土著居民要忍受巨大的不公和奴役。通常情况下，为了确保木材供应，人们在远离树木原产地的地方植树造林，但此举往往会破坏生态平衡。

如今，树木产品的国际需求使木材贸易与环保产生了冲突。即使在这个所谓开明的时代，我们仍然以错误的方式管理人工林和天然林。我们面临的问题包括外来物种侵袭、病虫害以及森林火灾等。从较乐观的角度来看，只要合理利用森林，我们就能应对气候变化，为人类创造机遇和带来好处。保护生物多样性产生可持续收入的成功案例很多，尤其是在企业较少的地区。

现代科学不断揭示亘古至今树木的奥秘。人类已知最早的树木形成于孢子，是“瓦蒂萨”属（*Wattieza*）原始蕨类植物，有 3.85 亿年的历史。古植物学家复原了这种早已灭绝的树木，它高 9 米，外形像棕榈树。比恐龙早出现 1.4 亿年的“瓦蒂萨”森林和其他原始陆地植物一起清除了大气中的二氧化碳，为陆地动物和昆虫的进化创造了适宜条件。对树木的生理机能进行深入研究之后，我们发现了树木更多的奇妙机能，比如：探测周边虫害，动用生化手段应对植物之间的潜在竞争，等等。要揭示树木的这些奇妙机能，我们仍然有许多工作要做。

据估计，全世界共有 39.1 万种维管植物，其中只有四分之一以上被视为树木。许多树种是大家熟知的，但很少有人对它们进行研究。毫无疑问，还有更多树种有待我们去探索和发现。我们必须为后世子孙保护树木的自然栖息地。最近发现的瓦勒迈松（*Wollemia nobilis*）就是一个经典例子。1994 年，人们在距离悉尼仅 150 千米的地方发现了瓦勒迈松，并确定它是一种与智利南美杉相关的新属。在一个狭窄的峡谷里，生长着两丛不到 40 棵瓦勒迈松。次年，人们在组织培养实验室里成功培育出了瓦勒迈松，从此以后，全世界温暖地区的花园里都栽种着这种特殊的针叶树。

有些人对树情有独钟，有些人则可能把树视为一种理所当然的存在。我们希望本书对他们都能有所启发。《树的故事：改变人类生活的 100 种树》不仅是我们的故事，也是我们祖先的故事。它从地区和全球角度讲述了人类与一些世界最重要树种的关系。可供本书选择的树种类繁多，我们尽量重点介绍那些对人类有文化价值和实用价值的树种。本书涵盖了生长于各大洲的树木，南极洲是个例外，因为在500万～300万年前，随着南极大陆遭遇冰封，最后一批树木已经不知所终。作者大致按树木与人类的相互影响发生的时间顺序介绍这些奇妙的树木。本书将从17.1万年前尼安德特人制作工具用的黄杨木，到19世纪用于制作高尔夫球杆的柿子树，一一向读者介绍树的历史。书中标明了每一种树的高度、生长速度和寿命，这些数据反映出该树种原生地野生或自然的条件，并将海拔和土壤类型等变量考虑在内。

如今，世界上大多数人居住在城市，这对城市绿化提出了更高要求。树木不仅好看，而且能对人的社会行为和心理健康产生积极影响。它们使城市的生物多样性变得更加丰富，其茂密的树冠不仅能降低气温，遮蔽被太阳晒得黝黑的柏油路面，还每时每刻都在改善空气质量。

从堂前屋后的树木开始吧，对树多一些了解，多一些重视和爱护。人与树命运与共，并将续写传奇。

凯文·霍布斯

瓦勒迈松

银杏树

希望的使者

学名：*Ginkgo biloba*
科名：银杏科

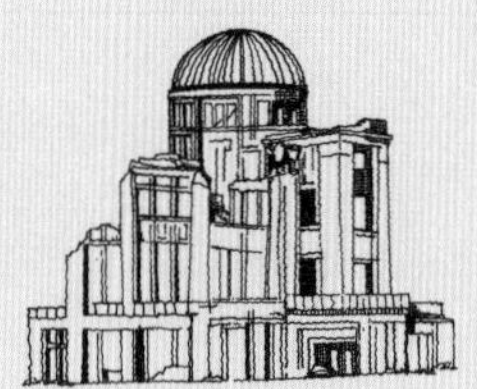

银杏树是大名鼎鼎的落叶针叶树。每到秋天，金黄的银杏树叶从树上落下，人们称这种景观为“黄金雨”。更重要的是，它是孑遗树种，是银杏纲独一无二的残存种，性状两亿年来保持不变。银杏树是名副其实的活化石，从恐龙生活的中生代存续至今。

野生银杏树是濒危物种，但在原产地浙江省天目山还有野生状态的银杏。银杏树被广泛种植。在佛寺、神社（神道教）、孔庙的庭院里，人们把它视为神树，有些银杏树树龄据说在 1000 年以上。关于银杏树的快速复原能力，有一个距今年代不远的绝妙例子：广岛被原子弹摧毁后，在距离核爆中心仅 1 千米的地方，至少有 6 棵银杏树不久就长出幼苗。这个自然的奇迹强化了银杏树在日本的神圣地位，人们称它为“希望的使者”。

雌银杏树会结出樱桃状的淡黄色果实，秋天果实成熟，会散发独特的气味，还会产生黏液。果子采收后浸泡在水中，去除果肉后，便露出白色的果壳，果壳晒干后会裂开，露出可食用的绿色果仁。在日本，人们把银杏果仁烘烤、盐焗或糖渍后食用。据说银杏果仁可以醒酒，所以酒吧里常有售卖。然而，银杏果仁含有害的神经毒素，只适合少量食用。

18 世纪，银杏树被当作观赏树引入欧洲，并成为常见的行道树。为了避免其果实散发出难闻气味，人们只培育了雄银杏树，然而不知何故，雌银杏树也有栽种。结果可想而知，当地居民很不喜欢雌银杏树。

常见别名
鸭掌树、鸭脚子、
公孙树、白果树

原产地
中国浙江

气候与生长环境
温暖潮湿，土壤肥沃

寿命
1000 年以上

生长速度
每年长 30～50 厘米

最大高度
35 米

在中国，银杏果象征着吉祥喜庆，常常成为婚礼上招待宾客的食品。

紫杉有毒，鲜红的果肉是唯一无毒的部分。

常见别名
欧洲红豆杉

原产地
欧洲、西亚、北非

气候与生活环境
温带、亚热带，常生于混交林石灰岩中

寿命
500 年，个别寿命据说长达 5000 年

紫杉

墓地守护者

学名: *Taxus Baccata*
科名：红豆杉科

紫杉是欧洲最长寿的树种之一，充满了传奇色彩。它很独特，独生不成林，长着姿态优雅的虬枝，根常裸露在外。

威尔士波厄斯郡德芬诺格市圣斯诺格教堂墓地有一棵树龄达 5000 多年的紫杉。其幼苗于公元前 3045 年开始生长，比吉萨大金字塔还早 500 年。最古老的紫杉手工制品已有 400 万年的历史，被称为“克拉克顿矛”（Clacton Spear）。在伦敦东北部的海滨小镇，人们从旧石器时代的沉积物中发现了这支矛，它是全球现存最早的木制工具样本。

对于古埃及、古罗马和古希腊等古地中海文明来说，紫杉是死亡的象征。在莎士比亚戏剧《理查二世》里，紫杉被描述为“双重致命武器”。它的叶子有毒，木材被制成长矛和弓箭。在阿金库尔战役中，弓箭手用强韧有力的紫杉弓可以把箭射出 250 米开外。为了让英格兰军队拥有精良的武器装备，亨利四世准许手下进入他的私人领地砍伐紫杉。

紫杉多见于教堂墓地，其中许多紫杉比教堂建筑本身还要老，因为早期的基督教信徒经常采用异教徒的场地、符号和节日，无论它们起源自德鲁伊教徒还是凯尔特人。在圣枝主日，基督教信徒经常用紫杉树枝代替棕榈枝。

遗憾的是，人们很少把天然形态的紫杉种在花园或者宏大的景观中。紫杉有许多栽培品种，其中包括那些有金黄色树叶的种类，通常也被叫作爱尔兰红豆杉（也叫 Fastigiata 或 Stricta），是一类外形匀称、紧凑、直立的矮小植物。虽然矮小，但作为树篱和绿雕植物，这种漂亮的常绿针叶树在园林中占有一席之地。

黄杨

修剪的艺术

学名：*Buxus sempervirens*
科名：黄杨科

2012年，意大利托斯卡纳的一处建筑工地出土了一大堆由尼安德特人制作的木质、骨质工具。它们的年代为中更新世晚期，也就是大约17.1万年前，当时该地区居住着尼安德特人。骨质工具由长着直牙的古菱齿象（*Palaeoloxodon antiquus*）的骨骼制成，已经变成了化石，木质工具则由黄杨木加工而成。这些木质工具长约一米，一端削尖用于挖掘，另一端做成圆形手柄。木质工具上有许多割痕和凹槽，表明在制作过程中使用了石器，而且它表面还有烧焦的痕迹，应该是用火烧制的结果，这为我们了解尼安德特人的智慧提供了难得的佐证。

用黄杨木制造工具是正确的选择。黄杨树生长缓慢，木质坚硬。黄杨木密度很大，入水即沉；有人写了一首《橡树之心》（*Hearts of Oak*）来歌颂橡树，却没有类似的歌曲赞美黄杨树，这是可以理解的。黄杨树的花雌雄同株，颜色呈乳白色，深至黄褐色，尽管这些小花朵本身会散发出难闻的气味，但蜜蜂还是会被吸引来。然而，它们主要靠风媒授粉，之后结出淡棕色果实，内含黑色种子。黄杨树树冠茂盛，能为小鸟、哺乳动物和昆虫提供栖身场所。

自罗马时代以来，人们将黄杨树栽种于花园中，作为树篱和装饰。时至今日，我们仍然可以在园林中看到黄杨树。花坛在文艺复兴时期开始流行，其精致对称的造型是设计师和园丁们技艺高超的证明。早期的例子包括复杂的迷园、动物造型绿雕园以及结纹园。遗憾的是，如今黄杨树越来越少地用作园艺绿雕，因为黄杨树枯萎病的发病率越来越高。枯萎病是一种真菌疾病，会在树上产生难看的裸露斑块，并最终导致树木死亡。

常见别名

锦熟黄杨、细叶黄杨

原产地

南欧、北非和西非；英格兰南部有人工栽培的，也可能存在野生种

气候与生长环境

黄杨树生于森林的灌木层，上有乔木遮蔽，也生长于寒温带、地中海气候区的山坡上；一般生长于白垩土中

寿命

150～200 年

生长速度

每年生长 5～15 厘米

最大高度

8 米

黄杨全株有毒，包括常绿革质叶。

常见别名
阿驵、红心果、天生子

原产地
亚洲西南部

气候与生长环境
干燥、光照充足；生长于亚热带贫瘠的土壤中

寿命
200 年以上

生长速度
每年生长 20~50 厘米

最大高度
10 米

黑色无花果含糖量高，比绿色无花果甜。

无花果树

榕小蜂授粉

学名：*Ficus carica*
科名：桑科

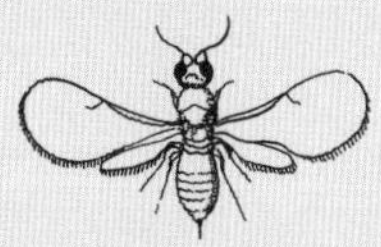

无花果树可能是地球上最古老的栽培果树。无花果树生长迅速，从树干基部开始，柔韧的树枝肆意生长，其上生长着深绿色叶子和球状果实。无花果树树皮银色，果实颜色因品种而异，有绿色、棕色，甚至是深紫色。无花果花在果实内，不显露在外。野生无花果树由榕小蜂（*Blastophaga psenes*）授粉，完成授粉后，榕小蜂最终会死在果实里，被无花果蛋白酶分解成蛋白质。

在世界各地，无花果树被广泛种植。很多人喜爱无花果，但也有讨厌它的，尤其是那些战时服用过无花果通便糖浆的人，那糖浆一点无花果的味道也没有。最近，以色列考古学家在加利利海沿岸的发现表明，人类在2.3万年前就已开始种植无花果树。公元前2400年前后，美索不达米亚城邦拉格什的统治者、历史上第一部成文法典的颁布者乌鲁卡基那国王（King Urukagina）在泥板文书中提到，无花果是非常重要的食物。对希腊人和罗马人来说，无花果是神赐的礼物。但在英语中，“无花果”一词有不好的含义。长期以来，它表示无关紧要，如今表示胜利的V形手势，在莎士比亚的笔下被称为“西班牙无花果”。

无花果树，原产于亚洲西南部，是桑科开花植物。据说它“根扎于地狱，枝头长进天堂”。它最高能长到10米，树冠直径最大也达10米，它的根在有限的空间里也能蓬勃生长，甚至能生长于几乎无土的碎石堆中。

无花果的坏名声始于《圣经·创世记》：吃了禁果后，亚当和夏娃的眼睛就打开了，“他们才知道自己是赤身露体的，便拿无花果树的叶子，为自己编裙子”。他们的选择是正确的，因为无花果树的叶子大而有弹性，但无花果的乳汁会刺激人的皮肤。

蓝桉

灰烬中的音乐

学名: *Eucalyptus globulus*
科名: 桃金娘科

蓝桉是澳大利亚的代名词，事实上，最古老的蓝桉化石发现于阿根廷的巴塔哥尼亚地区，其年代可追溯到5000多万年前。或许这并不令人惊讶，因为地质学家认为，澳大利亚和南美洲在当时可能由南极洲连接在一起。如今的900多种桉树中，许多树种都与这些古化石相类似。

最早研究蓝桉的人是法国植物学家雅克·德·拉比拉尔迪埃，他于1792年走访了澳大利亚塔斯马尼亚岛。据说，他总是“把心灵美隐藏于刻薄的外表下”。他是英国著名博物学家约瑟夫·班克斯爵士的朋友，喜欢周游世界研究蓝桉等树木的样本。这种树木能在澳大利亚大陆和塔斯马尼亚岛茁壮成长，因为它有适应火灾的能力。蓝桉油易燃，所以蓝桉剥落的树皮和残枝落叶是森林火灾的理想燃料。大火过后，大多数植物都燃烧殆尽，蓝桉的休眠芽却在烧焦的树皮下萌发。蓝桉种子外皮在高温下爆裂，富含草木灰的土壤为其萌芽生长提供了完美的条件。

由于蓝桉木材抗腐能力强、坚固耐用，早期的欧洲移民都会使用这种木材。遗憾的是，如今人们认为种植蓝桉经济林会破坏澳大利亚的生态平衡。几千年来，澳洲土著居民经营着这片土地，培育可捕猎动物的草场，并创设天然的防火带。如今，他们仍在使用蓝桉：干燥压平后，蓝桉树皮可制成帆布；被白蚁掏空的树枝可制作迪吉里杜管（澳洲土著乐器）。

与所有桉树一样，蓝桉生长迅速，每年可增高数米，有多种用途。蓝桉木材被用于桥梁建造、做地板以及其他有表面耐磨需求的领域。嫩叶是浅蓝色的，“蓝桉”的名字正源于此。成熟的蓝桉树叶和花朵可以作为桉油的主要原料。桉油可用来缓解鼻塞。

常见别名
一口盅、洋草果、灰杨柳

原产地
澳大利亚塔斯马尼亚岛、维多利亚州南部

气候与生长环境
亚热带、温带气候，中性至酸性土壤

寿命
长达 200 年

生长速度
每年生长 2～3.5 米

最大高度
70 米

蓝桉的花朵深受蜜蜂喜爱，能分泌气味浓郁的花蜜。

常见别名

长寿松、大盆地刺果松、山间狐尾松

原产地

美国犹他州、内华达州和加州东部山区

气候与生长环境

阳光充足，降水少，-18℃～34℃；高海拔、多岩石，或低海拔茂密混交林

寿命

低海拔地区 300 年，高海拔地区 1000 年。个别狐尾松的寿命据说长达 5000 多年

生长速度

年龄和条件具备的情况下，每年生长 10～50 厘米

最大高度

16 米

球果需要两年时间才能成熟，未成熟的球果呈深紫色。

狐尾松

时光雕塑

学名: *Pinus longaeva*
科名：松科

在个性和遒劲树姿方面，世界上现存最古老的众多树种中，几乎没有能与狐尾松媲美的。它的奇特外形和个性与生俱来。在美国，有一棵枯死的狐尾松，它并不高，但木质坚硬，树形遒劲，在高山的寒风中泛着银白色。据估计，早在9000年前它就发芽了，如今虽死不倒。加利福尼亚州的怀特山上，有一棵据说树龄达5068年的活着的狐尾松。尽管人们对树龄有不同的声音，由于树的确切位置一直处于保密状态，要确定树龄是困难的，但如果数据是准确的，那它将是已知树种中最古老的一棵树。

大约在公元前1.2万年，最后一个冰河期结束，古印第安猎人首次进入美国西部的几个大盆地。很久以后，这些早期居民建立了定居点，成为印第安人部落，如派尤特部落。他们充分利用当地物产，采集科罗拉多松（*P. edulis*）的种子为食，用坚硬的狐尾松木材建造居所。

寿命长、树姿遒劲的特征是狐尾松适应恶劣环境的结果。狐尾松多以孤立的树丛或孤树存在，生长非常缓慢，甚至好几年都形成不了一个年轮。因此，狐尾松的木质异常致密坚硬，减少了害虫、疾病和恶劣天气的侵扰。甚至它的绿色松针也很长寿，有些松针40年不落。狐尾松的名字来源于它的雌性球果，果实未成熟时呈深紫色，表面有内卷的硬毛，成熟后变成棕色。

事实证明，狐尾松的长寿现象对现代科学研究大有裨益。它的年轮能帮助科学家校准碳测年技术，并提供数千年前的气候数据，有助于科学家研究气候波动情况。

石松

舞者之友

学名: *Pinus pinea*
科名：松科

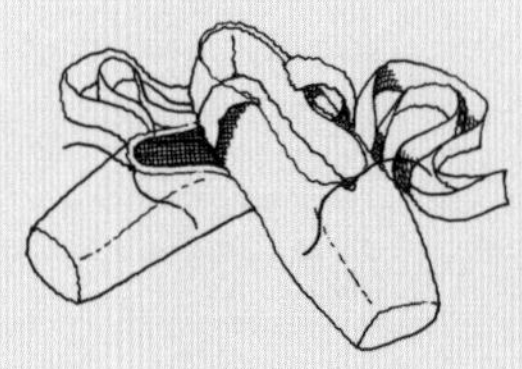

如果你是好莱坞古罗马史诗电影的影迷，一定知道亚壁古道（Appian Way）。如今，在这条通往罗马的古道上，仍然屹立着高大而挺拔的石松。数千年来，其舒展的黑色伞状树冠一直遮挡着烈日。就像罗马斗兽场一样，石松也是罗马最重要的名片之一。

事实上，石松甚至比古罗马还古老，它可以追溯到新石器时代。在古埃及第十二王朝丧葬用品中，人们发现了石松果。早期地球比现在更湿润，石松生长于撒哈拉沙漠。石松果遍布于古地中海文明的贸易路线上，在那里，石松具有文化和精神意义。如今，石松在地中海周边国家随处可见，并作为观赏植物种植于温暖的地区。

石松木材木质粗，树脂含量高，没有太多商业价值，不过它广泛应用于家具制造行业。石松的树脂经济价值最高。和橡胶一样，其树脂取自树干，可用作防水材料和清漆。几个世纪以来，乐手用固状或粉状的石松树脂润滑弦乐器（小提琴、低音提琴等各类乐器）的琴弓；舞者则把树脂涂在鞋底，防止在跳芭蕾和爱尔兰舞时滑倒。

石松球果内的种子在第三年成熟，并因受热而释放出来。成熟的石松树皮很厚，具有防火性。松子仁是制作青酱的三种基本原料之一（另两种为罗勒叶和帕尔马干酪），在地中海和中东，青酱自古以来就是肉类、鱼类和沙拉的传统配料。

石松球果需要 3 年才能成熟，长于其他松树。

常见别名
意大利松、伞松

原产地
地中海地区

气候与生长环境
夏季干燥、漫长的地中海气候；喜海沙和冲积土

生长速度
每年生长 30～50 厘米

寿命
可长达 300 年

最大高度
25 米

常见别名

鳄梨、油梨、樟梨、酪梨

原产地

中美洲南部

气候与生长环境

生长于无霜、湿润的亚热带气候；喜肥沃、排水良好的深层土壤

寿命

至少 100 年

生长速度

每年生长 80～100 厘米

最大高度

20 米

和香蕉一样，牛油果是一种呼吸跃变型水果。也就是说，树上发育成熟的果实被采摘下来后，会继续成熟下去。

牛油果树

史前巨兽的食物

学名: *Persea americana*
科名: 樟科

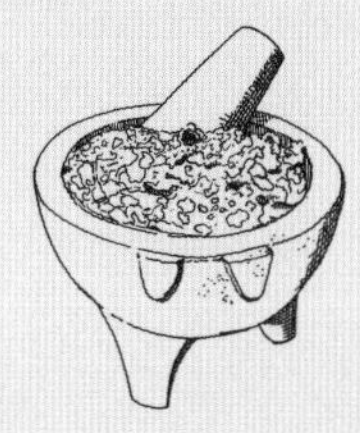

作为如今越来越受欢迎的超级食物，牛油果的历史悠久而迷人。它的故乡在墨西哥和中美洲。从植物学上讲，牛油果是肉果，更准确地说，应该称为“单籽浆果”。

牛油果树英姿挺拔，枝繁叶茂，能长到 20 米高，树叶的颜色和形状与月桂叶相似。牛油果长在树枝末端，成簇悬挂，压得树枝低垂。牛油果树依赖动物传播种子。动物吃掉整个牛油果，然后把种子带到别处。人们认为，美洲大地獭（*Megatherium*）就是传播牛油果树种子的动物，但在大约 1.1 万年前，美洲大地獭就已经灭绝了，所以，牛油果树后来不得不依赖松鼠等较小的哺乳动物和人类传播种子。考古学家发现，秘鲁普雷塔（Huaca Prieta）遗址的远古居民食用牛油果，这里是美洲已知最古老的人类定居点，可追溯到 1.5 万年前。

牛油果的英文“avocado”源自墨西哥那瓦特语词“āhuacatl”，即“睾丸”之意。原因是牛油果经常成对生长，形状像睾丸，并且那瓦特人认为吃牛油果可以增强生育能力。牛油果种子的汁液富含鞣酸，暴露在空气中颜色会变深，西班牙征服者发现它可以替代墨水。在哥伦比亚波帕扬市的档案馆中，至今仍保存着用独特的红棕色牛油果墨水书写的历史文献。

牛油果还产生一种用于面霜和化妆品的油，因为它更易被皮肤吸收，所以比橄榄油更受青睐。牛油果树也可以作为漂亮的观赏植物，把牛油果种子放在小花盆里，当幼苗发芽时，总让人欣喜不已。

桃树

罗马食谱

学名: *Prunus persica*
科名：蔷薇科

论及整体之美，桃林可谓独步天下。儿童文学作家罗尔德·达尔原本打算写一本关于巨型樱桃的书，但书名最后变成了《詹姆斯和大仙桃》（*James and the Giant Peach*），达尔说，因为“桃子比樱桃更美、更大、更软”。

桃树的学名 *Prunus persica*，导致人们错误地将波斯当作桃树的原产地。现在我们知道，波斯只是桃树从远东传播到欧洲的一站。最近的考古发现证实，中国才是桃树（从植物学角度讲，桃子其实是核果）的真正原产地，其历史可追溯到 250 万年前。云南省西双版纳热带植物园出土了石化的桃核，它们比直立人早出现了至少 70 万年。后来，桃树传到希腊和罗马，广泛种植于整个地中海地区。人们既喜欢吃鲜桃，也喜欢吃腌渍过的桃子。桃树随着早期西班牙探险家一路向西传播，到达美洲，在墨西哥和美国西南部进行人工栽培。在那里，桃子被称为“田纳西天然桃”，用来酿造一种甜酒。

历史上，桃子有性暗示的意味。在拜占庭、哥特和文艺复兴时期的绘画中，桃子和其他水果一起出现。它的存在充满了象征意义，旨在加强大众的道德和信仰：成熟的桃子代表着美德和荣耀；而被吃掉一半，甚或腐烂的桃子，代表一个女人因不道德或令人震惊的行为，玷污了自己的名声。

在文学和民间传说中，桃子占有一席之地。阿皮修斯（Apicius）将桃子收录在他的烹饪教材《论烹饪》中，老普林尼在他多卷本的《自然史》中也提到桃子。意大利有一句谚语叫“送朋友一颗无花果，送敌人一个大坏桃”，越南谚语对此的说法是“收到一个李子，回馈一个桃子”，中国有成语“投桃报李”。

在维多利亚时代的英国，富裕地主的园丁用创造性的方式种桃树。他们通常把桃树种在受阳光照射的墙壁旁或加热的温室里，这两种方法效果都很好，但成本高昂。

常见别名
桃子、陶古日

原产地
中国西北地区

气候与生长环境
人工开垦土地；森林和森林边缘；排水良好的酸性、中性的壤土或沙土

寿命
15～25 年

生长速度
每年生长 50～100 厘米

最大高度
6 米

白肉桃在亚洲很受欢迎，其酸度低于黄肉桃。

常见别名
木樨榄、欧洲橄榄、油橄榄

原产地
地中海地区

气候与生长环境
贫瘠干燥的土壤，最好能接近深层水分；在阳光充足的温和或温暖的温带气候地区

寿命
至少 1000 年；据说有些接近 2000 年

生长速度
每年生长 10～30 厘米

最大高度
15 米

青橄榄和黑橄榄之间的区别在于成熟度，黑色表示橄榄正在成熟过程中。

橄榄树

雅典娜的礼物

学名：*Olea europaea*
科名：木樨科

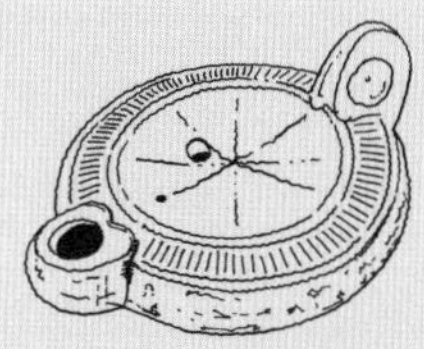

橄榄树、橄榄以及橄榄油被认为是地中海特产。人类从史前时代就开始种植橄榄树，并在至少两万年前首次使用橄榄。数世纪以来，许多地中海国家靠橄榄贸易积累财富。加利利海西南沿海的一处考古遗址出土了旧石器时代晚期狩猎采集者留下的橄榄化石和橄榄木碎片，遗址附近出土的陶器证明了人类在大约 8000 年前就开始交易橄榄油。

人类何时开始种植橄榄树，这个问题存在很大争议。在叙利亚出土的公元前 2400 年的泥板上，人们发现了种植橄榄树的书面证据。当时在阿勒颇郊区，一场大火摧毁了埃布拉古城，那些泥板被大火烤干，上面的文字因此得以留存。泥板上记载的多为商业事务，并说明橄榄油的价值是葡萄酒的五倍。在如今的巴勒斯坦，若人们拥有一棵橄榄树，会将其视若珍宝。数世纪以来，长者会把单株橄榄树分给多个后代，而树本身还会继续长出大量枝丫，所以，现在橄榄树的每一根树枝都由家族中不同的成员拥有。

橄榄树生命力顽强，能够在贫瘠干燥的土壤中茁壮成长，这使得它能够传遍地中海地区，甚至更远的地方。在希腊神话中，众神之神宙斯的女儿雅典娜女神把橄榄树送给了雅典人。据说，这棵树出现在雅典卫城的水井旁，成为未来所有树木的源头。在具有 3300 年历史的古埃及国王图坦卡蒙的石棺里，人们发现了一个橄榄叶编成的花环，现存于英国皇家植物园（邱园）的植物标本馆中。

橄榄枝仍被视为和平的象征。在《圣经》中，它代表光明、和平和神圣的祝福。《古兰经》经常提及橄榄和橄榄树，穆斯林的祷告念珠也是橄榄木做的。希腊人和罗马人战败时，会举起橄榄枝以示投降。

榛树

神秘的力量

学名: *Corylus avellana*
科名: 桦木科

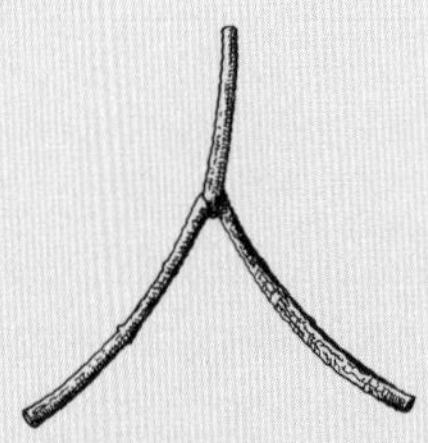

榛树品种很多，比如美国榛、亚洲榛、中国榛、土耳其榛和喜马拉雅榛。榛树以这些品种生产的可食用坚果而闻名。人工栽培的榛树的坚果称为“榛子”。榛子不仅是一种营养食品，而且古往今来都被用来入药。榛子可用于治疗从普通感冒到秃顶等多种病症，其疗效令古希腊人赞叹不已。

榛树的外观更像是灌木，而不是乔木。在冬天，榛树会长出毛茸茸的嫩枝，上面有圆形的绿芽。到了 4 月，深绿色的圆形叶子出现在枝头，叶子边缘呈齿状，叶冠呈大齿形。到了深冬，榛树长长的金黄色雄性柔荑花序非常醒目，它们像羊羔的尾巴一样挂在细长的茎上；雌性柔荑花序难发现，它们只是一些微小的绿色花蕾，散布在同一条茎上。到了夏天，雌花变为坚果，秋天时成熟。

榛树的生命力旺盛，被砍伐后具有相当强的再生能力。它会坚强地从近地面处长出嫩芽，生长速度与矮林作业后的树木相似。这样的榛树成为人类的福音。数世纪以来，它一直被用作树篱的支柱、茅舍抹灰篱笆墙的篱笆（木质框架）、茅草屋顶的骨架以及豆架。

榛树周围笼罩着神秘气息。19 世纪，格林兄弟写了一个故事，描述圣母马利亚藏在榛树下，躲过了蝰蛇的追赶。“榛树一直保护着我，”圣母马利亚说，“所以它将来也会保护别人。”数百年来，探矿者一直使用榛树的插枝寻找水源。在“燕子与亚马孙号”系列小说之一《鸽子邮局》中，亚瑟·兰塞姆充分利用了这一功能。小说中，湖区（位于英国）遇到干旱，提蒂用她的拇指和食指夹着一枝有弹性的叉状榛树探条，以探测地下泉水。

常见别名
大榛子、欧榛

原产地
西起不列颠群岛，东至俄罗斯和高加索地区，北起斯堪的纳维亚半岛中部，南至土耳其

气候与生长环境
喜低地树林和森林的潮湿土壤，常出现在树篱、草地和溪边以及荒地上；适合在温差较大、较干燥地区生长

寿命
至少 80 年（修剪过后）

生长速度
每年生长 40～100 厘米

最大高度
15 米

榛子仁是制作果仁糖的主要原料。

常见别名

希俄斯岛乳香树

原产地

小亚细亚、地中海地区

气候与生长环境

常见于亚热带气候区干燥开阔的树林和接近海平面的灌木丛林地；喜全日照环境；通常生长在石灰岩土壤中

寿命

长达 500 年

生长速度

每年生长 10～20 厘米

最大高度

10 米

在春天，笃耨香开栗红色的花，结红色的果实，然后长成坚果。

笃耨香树

迈锡尼人之树

学名：*Pistacia terebinthus*
科名：漆树科

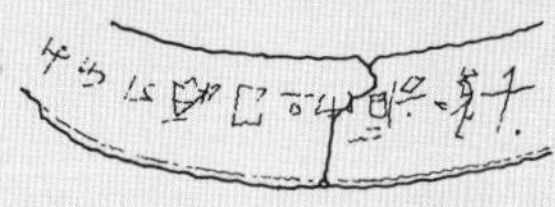

我们应该感谢笃耨香树，因为它在肃杀寒冬里色彩绚丽。它萌发新叶子的同时，栗红色花朵也会绽放，使其光秃秃的树干突然艳丽起来。从这些花中会长出一簇簇小而圆的红色核果，大小如豌豆，成熟后呈黑色。果仁非常可口，比杏仁更甜，油脂更多。

这种小落叶树属于腰果属（*Anacardium*），成熟后的高度约为 10 米，长长的革质叶子让人联想到豆角树的叶子。每片叶子由 5～11 片光滑的小叶组成，颜色为亮绿色。由于笃耨香树富含树脂和油，整棵树会散发出强烈的苦涩气味。它容易产生虫瘿（由昆虫引起的赘生物）。这些虫瘿的形状像山羊的角，因此，在西班牙语中，笃耨香树的别称叫“山羊角橄榄”（cornicabra）。尽管存在这些虫瘿，但笃耨香树仍然十分坚忍，能在其他树种难以生存的山区扎根。

笃耨香树产的松节油有经济价值。人们从树皮上的切口收集树脂，树脂经过蒸馏后提炼出松节油。松节油具有抗菌特性，长期以来人类一直在利用这种特性。伊朗扎格罗斯山脉的一处考古遗址，出土了一些有 7000 年历史的罐子，罐子的酒渣里有残留的松节油。

人类历史上第一次记载笃耨香树的文字来自 3500 年前的迈锡尼线形文字 B 泥板。后来，《圣经》也多次提及笃耨香树，最重要的一段文字见《撒母耳记》第 1 卷第 17 章。据说，笃耨香谷（《圣经》称之为厄拉谷）是大卫用弹弓击败巨人歌利亚的地方。如今，人们认为《圣经》中提及的“厄拉树”实际上是巴勒斯坦黄连木（*Pistacia Palaestina*），该树种的特性和外观与笃耨香树相似。

核桃树

巴比伦空中花园的坚果

学名: *Juglans regia*
科名: 胡桃科

与榛树一样，核桃树全身是宝。作为一种观赏性植物，它姿态优美。树皮光滑呈黄褐色，成熟后树皮变成银灰色。树叶为宽大的绿色复叶（由叶柄和许多单独的小叶组成）。雄性柔荑花序下垂，雌花 2～5 枚一簇。它的果皮是绿色的，随着里面的果仁成熟，果皮的颜色会变深。核桃是最古老、最健康的食物之一，60 克核桃含有人体每日所需的 ω-3 脂肪酸和抗氧化剂。吃核桃有助于改善心脏疾病，可以降低患前列腺癌和乳腺癌的风险，对大脑有好处，并能对抗 2 型糖尿病。科学家还发现，核桃中含有褪黑素，可以调节人类和动物的睡眠觉醒周期。

核桃树原产于中亚的谷地，现广泛种植于温带地区。大约 7000 年前的新石器时代，人类就在那里种植核桃树。像很多亚洲本土树木一样，它从中国向西传播到高加索、波斯、希腊和罗马。罗马人把它引入英国，后由英国商船水手把核桃树带到世界各地的港口，“英国胡桃树”也由此得名。

关于核桃树最早的文字记载来自美索不达米亚（今天的伊拉克）的迦勒底人，当地出土的泥板铭文以自豪的语气描述了大约公元前 2000 年巴比伦空中花园的核桃林。在《雅歌》第 6 章第 11 节中，所罗门说:“我下到坚果园去，看谷中的果实……”人们认为，他说的坚果指的就是核桃。

核桃木坚固、光滑，可用于雕塑和雕刻，其硬度足以用来制作猎枪的枪托。除此之外，千百年来，人们还用这些核桃木制作漂亮的餐桌、箱子和办公桌。不得不说，它们的价格也非常昂贵。核桃树还为食叶蛾幼虫、老鼠和松鼠提供美食。

常见别名
胡桃、波斯核桃、英国胡桃

原产地
吉尔吉斯斯坦、塔吉克斯坦、乌兹别克斯坦和土库曼斯坦

气候与生长环境
生长于温带各种阳光充足的地方，喜潮湿、深厚的土壤；通常以小片树林的形式出现

寿命
至少 70 年

生长速度
每年生长 20～40 厘米

最大高度
35 米

长久以来，人们认为核桃是核果的种子。今天，人们普遍将其视为坚果。

常见别名
阿月浑子

原产地
土耳其、伊朗、叙利亚、黎巴嫩、俄罗斯南部、阿富汗

气候与生长环境
半干旱的炎热地区，通常生长在贫瘠土壤中，耐盐

寿命
可长达 150 年

生长速度
每年生长 10～60 厘米

最大高度
10 米

开心果树每两年会产生大约 5 万颗种子。

开心果树

甜蜜的青春

学名: *Pistacia vera*
科名: 漆树科

开心果树生命力顽强，生长于类似沙漠的干旱环境，能承受 −10℃～48℃的温差，遍布整个中东地区。与近亲笃耨香树一样，开心果树的树干较短，树冠大而茂密。秋天是开心果树最美丽的季节，成熟的果实像葡萄般硕果累累，从绿色变成艳丽的黄色和红色。完全成熟后，开心果的果壳会噼里啪啦地裂开。根据波斯传说，明月当空的晚上，在开心果园相遇的恋人如果能听到果壳裂开的声音，就会收获好运。

开心果的种子不是植物学意义上的坚果，而是烹饪干果。9000 多年以来，它一直被当作一种重要的食物。与笃耨香树一样，开心果树生长在伊朗的扎格罗斯山脉，在那里，人们发现了可追溯到公元前 6750 年的开心果树。与它的近亲一样，开心果树也有自己的传说。据说，示巴女王下令，在她领地上收获的所有开心果只能供她和王室享用。在《古兰经》中，开心果是阿丹从天堂带到人世间的食物之一。

过去 3000 年里，人类栽培了 50 多种开心果树。作为一种食物，如今开心果越来越受欢迎。它既可以单独食用，也可以用来凉拌沙拉，作为肉或鱼的配料或者用来制作冰激凌。

19 世纪后期，中东出口的开心果常常被染成红色，其原因尚存争议。有种说法较为流行：一位名叫扎洛姆的叙利亚商人为了将自己的开心果与竞争对手的区分开来，故意把它们染成红色。另一种说法是，此举是为了掩盖开心果外壳上的瑕疵和污渍。无论哪种原因，自 20 世纪 70 年代美国开始大规模生产开心果后，就没人这样做了。

漆树

有毒的宝藏

学名：*Toxicodendron vernicifluum*
科名：漆树科

漆树在国际上被称为中国漆树或日本漆树，人们种植这种树是为了获取它的汁液。一棵成熟的漆树可长到 20 米高，会长出许多由小叶组成的复叶，类似于白蜡树和花楸树的叶子。春天漆树花会缀满枝头，秋天树叶变成艳红色，整棵树美丽至极。它的果实类似于桶状的无花果，中医用它的叶子止血，或驱除体内寄生虫。

然而，漆树巨大的商业价值在于它的树脂。漆树树龄为 10 年时，人们在树干上割出一排排水平切口，并把小盆固定于树干下方，以收集灰黄色的树脂。这一过程每 5 天重复一次，当树脂流干时，切口会变黑。因为漆树的树脂含有致敏化合物漆酚（这种物质也存在于有毒的常春藤中），甚至连树脂中蒸发出来的水汽也会引起皮疹，所以切割工需格外小心，而且要具备娴熟的技术。

在采收并熟化后，树脂就变成了清漆。千百年来，人们用清漆来涂刷木制家具、器物、雕刻品和塑像。到了现代，中日韩的消费者仍坚信，这种清漆或天然漆比人工合成漆好得多。毫无疑问，清漆经受住了时间的考验。浙江省余姚市的河姆渡遗址出土了一只红漆木碗，其历史可追溯到公元前 5000 年到前 4000 年之间。

常见别名
山漆、瞎妮子、楂苜

原产地
中国、日本

气候与生长环境
生长于凉爽、温暖的气候区，常见于山坡上的森林和灌木丛；喜排水良好的肥沃土壤

寿命
至少 60 年

生长速度
每年生长 30～60 厘米

最大高度
20 米

漆树的叶子富含单宁，其秋天的落叶有时被用来提取棕色染料。

常见别名
海枣、波斯枣、伊拉克蜜枣

原产地
北非、阿拉伯半岛

气候与生长环境
温暖、干燥的热带地区，常见于开阔、阳光充足的地方；排水良好、容易获取水分的土壤

寿命
可长达 100 年

生长速度
每年生长 20～30 厘米

最大高度
25 米

一束椰枣的果实数量可多达上千颗。

椰枣树

马萨达犹太战士的食物

学名：*Phoenix dactylifera*
科名：棕榈科

对中东和北非许多文明社会来说，椰枣一直是宝贵的食物。在古埃及人看来，椰枣不仅是一种营养丰富的甜美果实，还渗透到他们的文化血脉当中。即使在最干燥的沙漠里，椰枣树也能茁壮成长，因此被人们视为生命的奇迹。其叶子呈射线状排列，象征着埃及太阳神拉发出的光芒。古希腊和古罗马的建筑和硬币设计，也将其与太阳联系起来。在希伯来文化和基督教文化中，椰枣树一直被视为和平的象征。然而，在现代社会，从的黎波里到特拉维夫，从马尔贝拉到马略卡岛，地中海地区城市海滨的椰枣树被视为财富和奢华的象征。

椰枣树漂亮的树干从上到下覆盖着重叠的宿存的木质化的叶柄基部，叶柄基部来自已死的旧叶。树的顶端是活的羽片线状披针形树叶，它们庇护着一簇簇悬垂的椰枣。令人惊讶的是，一棵成熟的椰枣树每年可产 70～140 千克椰枣。

2005 年，椰枣树与一个重大的历史时刻建立了联系。公元 73 年，经过三年的围攻，马萨达城（以色列境内）的城墙被攻破。捍卫这座城池的犹太战士接到了向罗马军队投降的命令，但他们宁愿选择自杀，也不愿成为罗马人的俘虏。1932 年后，考古学家发现了这些犹太战士储藏的食物，其中就有椰枣。研究人员将其中一颗椰枣埋入土中，让他们感到无比惊讶的是，它居然发芽了。它是迄今为止最古老的能发芽的树木种子，其幼苗为以色列科学家研究古代和现代椰枣树之间的遗传关系提供了难得的机会。

欧洲白蜡树

挪威神话中的“世界之树”

学名：*Fraxinus excelsior*
科名：木樨科

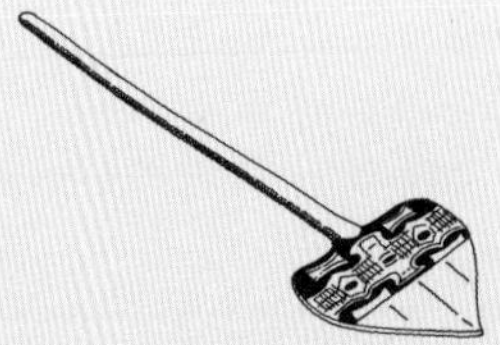

欧洲白蜡树到了晚春才不情愿地长出叶子，然后像吝啬鬼一样紧紧抓住这些叶子，直到深秋才肯放手。无论从名称还是特性来看，欧洲白蜡树都相当普通。这种树遍布整个欧洲，北起北极圈，南到土耳其，都能见到其身影。即使生长在石灰岩上，它也能茁壮成长，因为它对土壤中的钙耐受性很强。白蜡树的英文名“ash”来源于挪威语的“askr”和盎格鲁-撒克逊语的“aesc”。

虽然白蜡树常被用作树篱，但如果有足够的生长空间，它可以变得又粗又壮。到了冬天，它的茎裸露在外，有独特的黑色芽苞，很容易被识别出来。它的树皮呈均匀的浅灰色，起初是光滑的，成熟后就像一个由凸起肋骨组成的渔网。它可以长到 35 米高，但干围很短，通常约为 4.5 米。尽管白蜡树最长可以活到 400 年，但其寿命很少超过 150 年。

白蜡树的木材坚韧，加上随处可见和生长速度快，所以木制品、木柴、木炭都用它。它能够承受冲击而不碎裂，非常适合制成叉子、铲子、斧头手柄和镐、锤子等园艺工具以及曲棍球棒等体育器材。

在挪威神话中，白蜡树拥有崇高的地位，被称为“伊格德拉斯尔”（Yggdrasil），即“世界之树”的意思，是生长在九个世界[1]中心的永恒之树。基督教产生后，北欧神话成为异教，但白蜡树仍在托尔（Thor）、奥丁（Odin）和芙蕾雅（Freya）等神话中扮演重要角色。在丹麦日德兰半岛的霍森斯湾，人们发现了一些带彩绘和装饰的白蜡树木桨，根据碳元素年代测定，这些木桨的历史可追溯至公元前 4700 年前后。在中石器时代晚期，即公元前 5300—前 3950 年，狩猎采集者用这些木桨划独木舟。

白蜡树的侵略性非常强，周边植物一旦败落留下空间，它就会扎根其上。然而，园丁不喜欢白蜡树的这种特性，并将其视为有害的杂草。令人遗憾的是，白蜡树如今正受到枯梢病的威胁。这种传染病来自一种强大的真菌——拟白膜盘菌（*Hymenoscyphus fraxineus*），根据 2016 年的新闻报道，拟白膜盘菌使欧洲的白蜡树面临灭绝的危险。

---

1 九个世界（the nine worlds，古诺尔斯语为 Níu Heimar）是基督教产生之前，北欧人和其他日耳曼民族世界观中各种生物的家园。

欧洲白蜡树的叶子还是绿色的时候就会掉落。

常见别名
欧梣

原产地
欧洲、高加索山脉

气候与生长环境
生长于凉爽的气候；喜排水良好的肥沃土壤

寿命
可长达 400 年

生长速度
每年生长 0.2～1.5 米

最大高度
35 米

常见别名

耶路撒冷松、地中海松、叙利亚松

原产地

地中海地区、西亚

气候与生长环境

生长于地中海温暖地区海拔较低的沿海斜坡；喜排水良好、酸性至中度碱性的土壤

寿命

至少 150 年

阿勒颇松的松果在几年内慢慢裂开，火烤会加快裂开的进程。

生长速度

每年生长 5～30 厘米

最大高度

20 米

阿勒颇松

希腊葡萄酒特有的风味

学名：*Pinus halepensis*
科名：松科

阿勒颇松分布于地中海沿岸的大部分地区——从西班牙向东到土耳其，然后向南到叙利亚、黎巴嫩、约旦、以色列和巴勒斯坦。人们在确定它为松科植物很久之后，才在它的名字前加了“阿勒颇”三个字，该名取自它最初被详细描述的地方——叙利亚城市阿勒颇。虽然阿勒颇松通常在低海拔地区出现，但众所周知的是，这种松树在西班牙生长在海拔 1000 米的地方，在北非生长在海拔 1700 米的地方。

阿勒颇松适应性极强，在条件合适的地方长势良好。其树干长到约 6 米高之后才开始分枝，或从接近地面的地方伸展枝叶。阿勒颇松的树皮较厚，在树干底部树皮有很大的裂缝，在树的较高部位树皮裂缝会变小。它的针叶长而尖，颜色在黄绿色和深绿色之间。松果未成熟时呈青色，两年后变成有光泽的红褐色。

阿勒颇松的商业价值在于松脂。古埃及人非常珍惜阿勒颇松脂，不惜斥巨资从邻国购买。其功用与漆树的树脂类似，可用于制作木乃伊。不过，对古希腊人来说，它还有另一种用途：酿造葡萄酒。

早期酿酒师面临的问题之一就是如何储存葡萄酒。后来他们想出了一个办法，用阿勒颇松脂密封储酒器的颈部。然而，在古代，并非所有饮酒者都喜欢阿勒颇松脂的味道。1 世纪，著名的罗马农书的作者卢修斯·科鲁梅拉对有松脂香味的葡萄酒持强烈批评态度。尽管如此，大约 2000 年后，许多人认为有松脂香味的白葡萄酒或桃红葡萄酒是现代希腊的国酒。

柚木

中国人的“铁木”

学名：*Tectona grandis*
科名：唇形科

柚木可以长到45米以上，干围可达2米。令我们大多数人感到惊讶的是，柚木与迷迭香、罗勒和牛至是近亲。在印度喀拉拉邦，柚木叶被用于制作一种菠萝蜜口味的蛋糕。柚木树的花期从每年6月持续到8月，扑鼻的花香吸引蜜蜂来给柚木授粉。从9月到12月，它的果实逐渐成熟，果肉饱满，里面包裹着如石头般的种子。柚木树叶质地粗糙，叶子背面密披星状毛。

柚木的原产地是南亚和东南亚的季雨林。全球柚木木材有三分之一来自缅甸柚木林场。由于需求不断增加，天然柚木林迅速减少。在19世纪，为了满足日益增长的需求，人们开始建立柚木林场，但过度采伐并未停止。如今，盗伐的情况仍在发生，原因是市场对天然林木的需求极大。与林场林木相比，天然林木质量更高。

长久以来，柚木因其硬度高而价格高昂。柚木木质致密而富含油脂，因此，即使未经加工也不易腐坏。用柚木制成的船只不会受到可怕的船蛆侵袭，这种软体动物对其他木材造的船有毁灭性破坏。在阿曼，人们发现了一艘可追溯到哈拉帕文明时期（大约公元前3300—前1900年）的沉船，其船身大部分由柚木构成。中国人把柚木称为“铁木”，并发现如果将柚木埋在土壤中数年，可增强其抗腐蚀性。用这种方式处理过的柚木建造的中式帆船几乎坚不可摧。柚木的硬度已多次得到验证，如果柚木船与铁船发生碰撞，铁船受损更严重。

然而，柚木物种的困境仍令人揪心。如今，可持续的人工种植柚木获得了森林管理委员会（FSC）的认证。你逛花市为庭院选购柚木制作的椅子、桌子、长凳、日光躺椅时，一定要留意一下，优先选用有FSC认证标志的产品，柚木会因此感谢你。

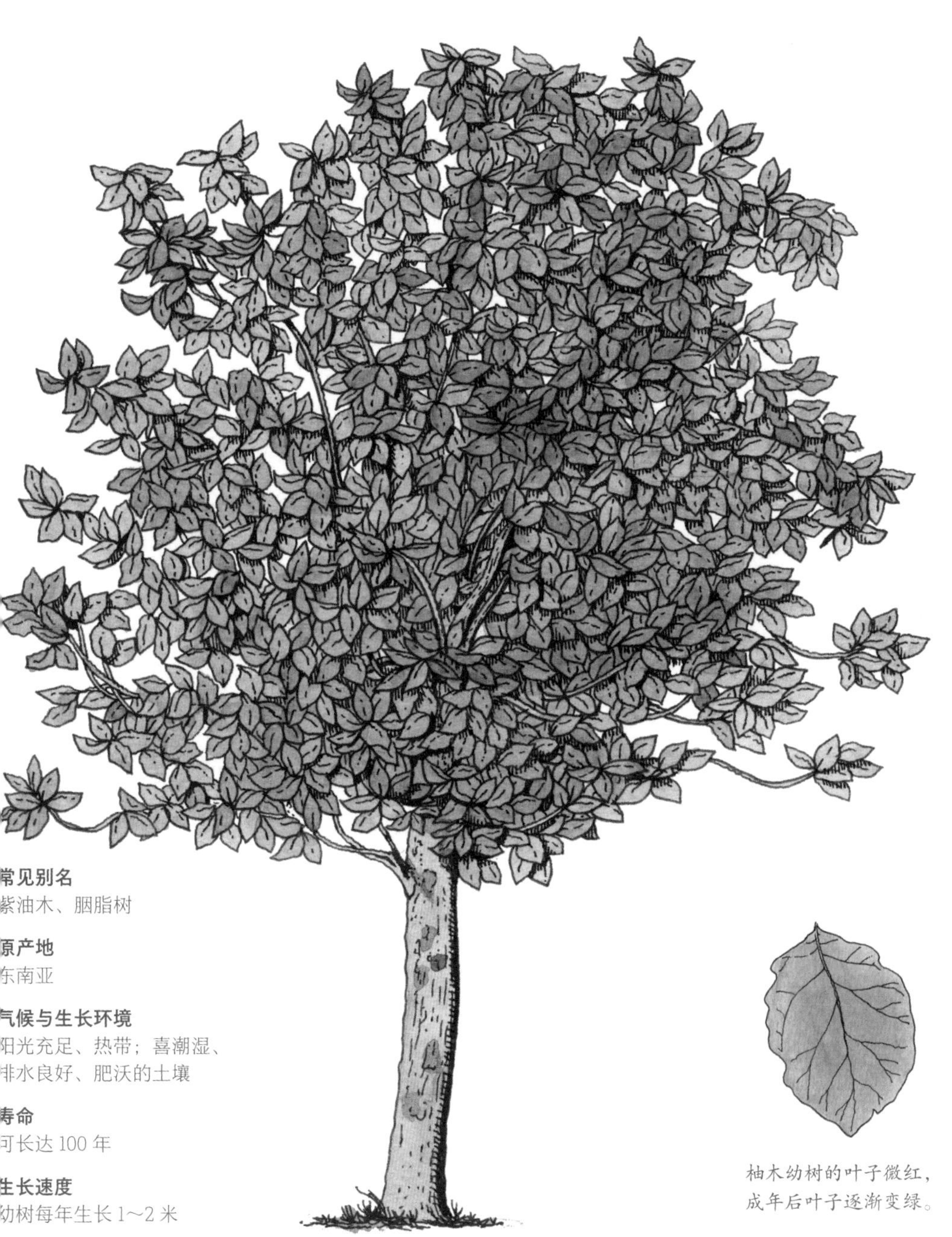

柚木幼树的叶子微红，成年后叶子逐渐变绿。

常见别名
紫油木、胭脂树

原产地
东南亚

气候与生长环境
阳光充足、热带；喜潮湿、排水良好、肥沃的土壤

寿命
可长达 100 年

生长速度
幼树每年生长 1～2 米

最大高度
15 米

常见别名
无

原产地
地中海东部盆地

气候与生长环境
通常生长在海拔1300～3000米北向、西向的斜坡上，喜排水良好的碱性土壤。在某些地方，它们可以耐受极端温度（-30℃～30℃）

黎巴嫩雪松树龄40年的时候才会结第一批球果。

寿命
可长达2000年

生长速度
每年生长5～10厘米

最大高度
40米

黎巴嫩雪松

埃及法老垂涎之树

学名：*Cedrus libani*
科名：松科

高大的黎巴嫩雪松曾在地中海盆地的荒野中繁衍生息，数千年来，造船和建筑对其木材的需求摧毁了这些古老的森林。由于埃及本地没有大小合适的树木，埃及人开始觊觎邻居的雪松。古埃及艺术揭示了船舶对于法老和在埃及文化中的重要性。为了来世的生活，法老甚至会用整艘木船做陪葬。1 世纪，老普林尼就描述了埃及人在制作木乃伊的过程中使用雪松的松脂，这一说法被现代科学证实。

《旧约》中多处提及黎巴嫩雪松。光是《诗篇》第 92 篇就有很多关于它的描写："义人要发旺如棕树，生长如黎巴嫩的香柏树。"根据拉比文献[1]，先知以赛亚害怕玛拿西王，躲在一棵雪松里，但他的衣襟暴露了他的行踪，于是玛拿西王将树锯成了两半。

黎巴嫩雪松树形优雅高大，属于绿色针叶树，快速生长至中年（大约 50 年）后，生长速度逐渐放缓。它的树干巨大，胸径可达 2.5 米。树皮裂成鳞片状。1 年树龄树皮是灰色的，但会逐渐变成黑褐色，有深的裂缝。它的针叶呈螺旋状排列，在秋天开花。黎巴嫩雪松需要长达 40 年的时间才能长出球果，未成熟的球果带有树脂，呈浅绿色。

黎巴嫩雪松是重要的景观标志物，就像迈阿密的棕榈树、舍伍德森林的橡树以及法国北部道路两旁的杨树一样。雪松的标志性尤为突出：它出现在黎巴嫩的国徽和国旗上，成为黎巴嫩人的骄傲。历史上，黎巴嫩雪松被疆域从中欧一直延伸到非洲之角的奥斯曼帝国用作缴税货币。

1 2 世纪后犹太教学者根据前代拉比口传训言写成的著作总称，特指犹太教的口传律法集《塔木德》，也指讲解《圣经》用的《米德拉西》等。其广义还包括一些犹太教《圣经》译本，如《塔古姆》。——编者注

桑树

蚕的最爱

学名：*Morus alba*
科名：桑科

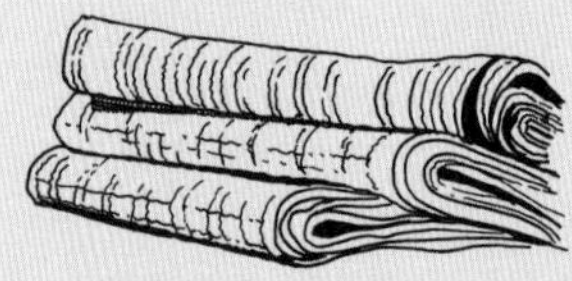

桑树原产于中国，后来传播到世界各地，如今墨西哥、澳大利亚、南北美洲、土耳其和中东都有栽培。桑树在温带属于落叶树，在热带则是常绿树。它的普及要归功于以桑叶为食的蚕。桑树外观俊秀，生长速度快，树皮黄褐色，树叶深绿色，花朵白色，果实在成熟过程中先后经历白色、粉色、红色和黑色四个阶段。成熟桑树可长到 18 米，但按树的标准来说，桑树的寿命并不长。大多数桑树的寿命与人一样长。

桑葚富含纤维、蛋白质和其他营养成分，被视为超级食物。在亚洲传统医药中，它的树皮被用于治疗食物中毒，桑叶茶有镇静功效。

桑树与蚕、丝的关系密切。根据传说，黄帝元妃嫘祖大约于公元前 2696 年发明了织丝工艺。她在桑树下喝水时，一颗蚕茧掉进了她的杯子里。她看到一根强韧的蚕丝从蚕茧中舒展开来，不禁被迷住了。嫘祖觉得可以用它来织布，并研究出将蚕丝纺成线的方法。据说，她还发明了织布机。实际上，考古学家在黄河附近的贾湖遗址 8500 多年前的古墓中发现了丝绸残片。一颗蚕茧可以抽出一根 300 米的丝线，而这些丝线可以纺线织锦。在中国数千年来的历史长河中，蚕桑扮演着重要角色。

桑树有一个显著的特征。到了它释放花粉的时候，产生花粉的雄蕊会爆开，像弹弓一样，以 560 千米 / 时的速度将花粉射出，该速度大约是音速的一半。

常见别名
无

原产地
中亚、东亚

气候与生长环境
能生长于从凉爽的温带草原到热带森林的广阔地带，干湿皆宜

寿命

80～100 年

生长速度
每年生长 10～30 厘米

最大高度
18 米

桑葚开始呈白色，成熟前呈粉红色，成熟后呈黑色。

锡兰乌木的叶子可以用作发泡石膏。

常见别名
乌木、印度乌木

原产地
印度、斯里兰卡、印度尼西亚

气候与生长环境
生长于潮湿的热带低地常绿森林，常以下层树种形态出现；喜酸性至中度碱性等肥沃程度不同的土壤

寿命
可长达 200 年

生长速度
每年生长 15～30 厘米

最大高度
25 米

锡兰乌木

细木匠的最佳选择

学名：*Diospyros ebenum*
科名：柿科

和许多慢生树一样，锡兰乌木的木材极其坚硬，其硬度是橡木的两倍。这种树主要产于斯里兰卡（斯里兰卡以前被称为锡兰，这种树也因此而得名）、印度尼西亚和印度南部。它能长到 25 米高，其粗壮的树干长到 8 米高时，便开始分枝。锡兰乌木的边材呈淡黄灰色，但芯材是有光泽的黑色，“乌木”一词也由此而来。锡兰乌木生长在温带，会结出一种很小的果实，类似于它的近亲日本柿树的果实。它的木材自然光滑，几乎无毛孔，表面富有光泽，防水、防白蚁。

古埃及人看重锡兰乌木，埃及语称之为“hbny”。有证据表明，埃及人几千年前就开始交易锡兰乌木。在 16—19 世纪，锡兰乌木的木材交易达到顶峰。其用途之广，是其他树木无法比拟的。经过抛光后，锡兰乌木变得十分光滑，有一种冷冷的金属质感，而且硬度足以进行精细的雕刻和加工，非常适合制作装饰柜、椅子、盒子、桌子甚至工具和器皿。除此之外，锡兰乌木还被制成织针、门窗把手、钩子、三脚架、高级钢琴上的黑色按键［尽管意为“弹钢琴”的习语“tickling the ebonies”（乌木）从未流行过］、棋子和筷子。

如今，锡兰乌木仍被认为是制造家具最好的乌木。它也变得十分昂贵，以至于现在以千克为单位出售。同样地，人们对锡兰乌木木材的喜爱也威胁到锡兰乌木物种的生存。印度和斯里兰卡现在已禁止锡兰乌木出口。

没药树

贵如黄金

学名：*Commiphora myrrha*
科名：橄榄科

耶稣基督出生后，东方三博士前来拜见，献上的三件礼物之一就是没药。没药很可能是从没药树上采集的芳香树脂。尽管在四福音书中，只有《马太福音》确定了没药是礼物之一，但也并没有具体说明这一点。然而，那时人们使用没药的历史已经有几千年了，它常被作为香氛、熏香和可以与葡萄酒混合摄入的药物，或者作为减轻肿胀和疼痛的搽剂。没药还被用于尸体防腐，以掩盖难闻的气味。

没药树生长于干旱暴露的环境，包括阿拉伯半岛和非洲部分地区。没药树是一种生命力强、带刺的树。秋天的没药树最好看，树叶从绿色变成黄色，然后变成粉橙色，最后变成红色。没药树的树干遒劲，有的短粗，有的瘦长，枝杈繁多，树干上方通常有一个很大的伞状树冠。

为了采集没药，人们需要反复切割树皮，直至深入边材，才能让树脂源源不断地流出。在三个月内，树脂逐渐变硬，从纯净、无光泽的浅黄色变成深黄色，并带有白色条纹。在中医中，生没药树脂可直接入药。

公元前 2487—前 2475 年，埃及第五王朝的第二位法老萨胡拉意识到没药和黄金一样贵重。在位的最后一年里，他派遣探险队去寻找传说中的彭特国。人们认为，这个地方位于如今埃及的西南部，是一个贸易国家，出口黄金、黑木、象牙、野生动物和没药。探险队带回了 8 万个古埃及计量单位的没药。据说，萨胡拉凭此建立了古埃及的第一支海军。

常见别名
末药、非洲没药、索马里没药

原产地
埃塞俄比亚、肯尼亚、阿曼、沙特阿拉伯、索马里

气候与生长环境
生长于降雨量少的亚热带或热带气候区；常见于开阔的灌木丛；喜石灰岩土壤

寿命
未知

生长速度
每年生 20～60 厘米

最大高度
5 米

没药树枝长满锋利的刺。

常见别名
洋樱桃、甜樱桃、欧洲甜樱桃

原产地
欧洲中部和西北部

气候与生长环境
生长在温和至寒冷气候的肥沃土壤中，常见于落叶林和树篱

寿命
70～100 年

生长速度
每年 30～60 厘米

最大高度
30 米

樱桃树是雌雄同株植物，即雌蕊和雄蕊包含在同一朵花中。

野樱桃树

优质饰面板材

学名：*Prunus avium*
科名：蔷薇科

与欧洲酸樱桃树（*Prunus cerasus*）一样，野樱桃树是所有人工栽培樱桃树的始祖。对诗人豪斯曼来说，樱桃树赋予他写作的灵感。其诗集《西罗普郡少年》的第二首诗几乎是对这种美丽树木无声的赞美："当下的这棵樱桃树，繁花挂满枝丫，是树中最可爱的……" 俄国伟大的剧作家安东·契诃夫在他所写的戏剧《樱桃园》中，将最后一个戏剧性的时刻献给了野樱桃树。整部剧在樱桃园伐木的斧声中落下帷幕，这一幕描绘了俄罗斯没落贵族和新兴资产阶级的愚蠢。

毫无疑问，野樱桃树一年四季都很美。冬天，它的紫灰色、带有粗糙的棕色呼吸孔的树皮散发出金属般的光泽。到了 4 月，除了壮观的白色花簇外，它亮褐色的叶芽会释放出长柄椭圆形叶子，齿状的叶边逐渐变尖。秋天，这些叶子会变成深深浅浅的金色、橙色和鲜红色。野樱桃树的叶子基部分布有花外蜜腺。蜜腺分泌蜜液，吸引蚂蚁来采蜜；作为回报，蚂蚁会保护叶子不受昆虫侵害。

尽管给人期待，野樱桃似乎并不尽如人意。它甜中带酸，果皮有些厚。然而，鸟儿非常喜欢其多汁的果肉，它们会在 6 月下旬把果实吃光。如果按照从酸到甜排序，很难说老普林尼会把野樱桃放在哪个位置。

如今英格兰萨塞克斯郡的伊斯特本镇有一个史前潟湖，湖里有一处木制平台住宅遗址，那是人类最早使用樱桃木的证据之一。用来建造这处早期定居点的木材是橡树，桩子用的则是樱桃木，年代可以追溯到公元前 2400 年。近 5000 年后，红褐色的樱桃木仍用于木材车削制品和饰面、轮辐和家具腿脚，制造乐器、桌子和烟斗。

杏仁树

恩惠与生育力

学名: *Prunus dulcis*
科名：蔷薇科

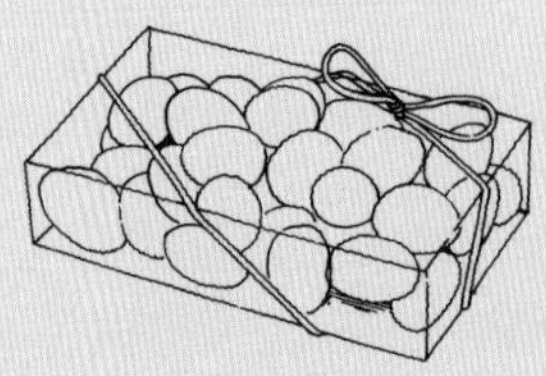

作为李树、桃树和樱桃树的近亲，杏仁树结的核果富含维生素 B。早春，杏仁树尚未长出叶子，淡粉色的花朵便挂满树枝，然后花朵变成坚硬无汁的果实，果肉更接近革质，包裹着杏仁的壳。

杏仁树有着悠久的历史。自公元前 2000 年起，人类就开始栽培杏仁树。在图坦卡蒙的陵墓中，杏仁和其他数千件物品摆放在一起，供国王来世享用。《圣经》中多次提及杏仁。《民数记》第 17 章第 8 节写道:“摩西进法柜的帐幕去，谁知，利未族亚伦的杖已经发了芽……结了熟杏。”然而,《传道书》的内容就不那么欢快了，它把杏仁树开花看作邪恶时代即将来临的恐怖征兆之一。

杏仁树原产于东地中海地区，因其种子易于发芽繁殖，所以成为人类最早栽培的树种之一。众所周知，杏仁树适合生长在较为温暖的地区，但它的主要种植地是美国、西班牙、摩洛哥和澳大利亚。加利福尼亚是世界上最大的杏仁树种植区。在那里，人们对授粉规模化管理。为了确保有足够多的蜜蜂为杏花授粉，会有近 100 万只蜂箱从美国各地运来。加利福尼亚每年可产约 200 万吨杏仁。

杏仁有很多种吃法：生吃、用盐腌制、烘烤或煮熟吃。在中东，糖衣杏仁是一种很受欢迎的甜食，人们称之为“mblas”，象征人生的苦涩和爱的甜蜜。经过加工的杏仁可以制成杏仁黄油和杏仁牛奶（纯素食主义者喜欢这种食物），也可以与蜂蜜和糖混合制成牛轧糖和杏仁蛋白软糖。有一种杏仁树变种果实是苦杏仁，其含油量少，水分多，还含有少量的有毒氰化氢。苦杏仁曾是意大利杏仁味小饼干（杏仁马卡龙）的传统原料。

常见别名

巴旦木、扁桃

原产地

亚洲中部和西南部

气候与生长环境

分布于地中海式气候区；生长于耕地、灌木丛和土壤潮湿、排水良好的岩石斜坡上

寿命

50～80 年

生长速度

每年生长 40～80 厘米

最大高度

10 米

杏仁的外壳被一层厚厚的无汁绿色果肉包裹着，这层果肉被称作“果壳”。

常见别名
锡兰肉桂树

原产地
印度、斯里兰卡

气候与生长环境
生长于海平面以上到海拔 2000 米的热带森林，喜潮湿、排水良好的土壤

寿命
可长达 100 年

生长速度
每年生长 0.3～1 米

最大高度
20 米

肉桂叶油是制作肥皂和乳霜的原料，还可用于芳香疗法。

肉桂树

古老的贸易商品

学名：*Cinnamomum verum*
科名：樟科

肉桂是一种广受欢迎的香料。关于肉桂的记载常见于史料当中，这主要因为它是一种珍贵的商品。早在公元前 2000 年，埃及人就开始进口肉桂。埃及地处古代香料贸易路线的交会处，随着肉桂需求的增长，阿拉伯商人竭力维持对肉桂贸易的控制权。据老普林尼记载，350 克肉桂的价值相当于 5 千克以上的白银。商人们是成功的，几个世纪后西方世界都不知道肉桂来自何方。希腊历史学家希罗多德（约前 484—约前 425 年）认为它产自肉桂鸟，而 1000 年后，十字军被告知肉桂源自鱼类。

如今，肉桂香料的起源不再是秘密。它来自肉桂树的树皮和叶子。出于商业目的，现今人们会把肉桂树靠近地面的侧枝砍断，这会促使肉桂树次年生长出十几个新芽。随着时间的推移，肉桂树看上去就像一间颠倒过来的小屋。在生产这种香料的过程中，肉桂树的内层树皮被削成羽毛状，晒干后磨成粉末；肉桂树的叶子和细枝则被加工成肉桂油。如今，大部分肉桂油和肉桂粉都来自中国的肉桂树。

肉桂树是一种常青树，树叶呈椭圆形，果实为浆果，树皮较厚。在冬季气温不低于 -2℃的地方，肉桂树依然长得优美、华丽，嫩叶呈红色，成熟后变成有光泽的中绿色。

肉桂有着不平凡的历史。1 世纪罗马的尼禄皇帝因一时气愤而杀了自己的妻子，他感到无比悔恨，下令为亡妻焚烧一年的肉桂。酒神巴克斯的崇拜者喜欢把肉桂作为香料加入葡萄酒中。17 世纪，荷兰人在印度沿海发现了一片肉桂树林，于是贿赂当地国王，把树林全部摧毁。如此一来，他们便可以继续垄断肉桂贸易了。

橡胶树

生在亚马孙

学名: *Hevea brasiliensis*
科名：大戟科

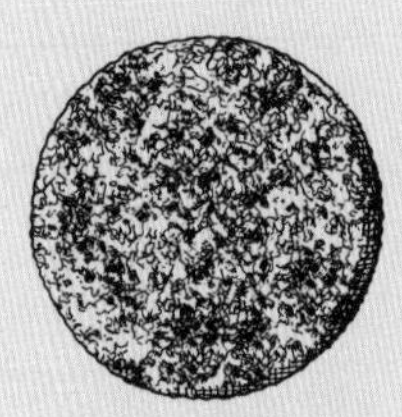

在亚马孙森林中，橡胶树可以肆意生长，最高可长到 40 米。作为一种独特的原材料，其用途广泛，所以人们不能放任它自然生长。橡胶树是全世界天然橡胶的来源。从我们的鞋底到汽车、卡车、自行车和公共汽车的轮胎，其原料都是橡胶，橡胶已成为现代生活必不可少的部分。因此，橡胶树被认为是理所当然的存在。不过，许多人认为橡胶是实验室制造出来的。

为了采集橡胶树的乳胶（即生橡胶），需要在树皮上割出足够深的切口，这样既可以使乳胶渗出，又不会对树体造成伤害。橡胶树分泌乳胶，是为了防御昆虫和食草动物的攻击。乳胶具有毒性和黏性，可以困住或固定住昆虫的嘴。采集乳胶的活动限制和减缓了人工栽培橡胶树的生长，并最终导致其寿命比天然橡胶树短。随着树龄的增长，人工栽培橡胶树生产的乳胶会越来越少，大多数会在 25～30 年树龄时被砍伐。

大约 4000 年前，中美洲的奥尔梅克人用橡胶树的汁液做成鞋子，或直接涂抹在脚上。考古学的证据表明，中美洲的土著居民还用乳胶制成橡胶球进行比赛。对他们而言，这种比赛的重要性不亚于罗马帝国的角斗士比赛。还有证据表明，这些球类比赛非常残酷。

欧洲人发现乳胶的时间晚得多。1751 年，法国探险家查尔斯·玛丽·德拉康达明，向法国皇家科学院提交了世界上第一份以乳胶为主题的科学论文。19 世纪，查尔斯·古德伊尔、查尔斯·麦金托什和托马斯·汉考克等企业家看到了橡胶的商业潜力。亚马孙雨林中的野生橡胶树给他们带来了巨大财富，这也就意味着橡胶树无法再独善其身了。

常见别名
三叶橡胶树、巴西橡胶树

原产地
南美洲亚马孙地区

气候与生长环境
橡胶树是热带雨林的一种中层树木，通常生长于河岸或靠近水源的地方，喜排水良好的土壤

寿命
可长达 100 年

生长速度
每年生长 6~15 厘米

最大高度
40 米

橡胶树遇到干旱天气时需要换叶，通常每年两次。

常见别名
白檀、浴香

原产地
中国、印度、印度尼西亚、菲律宾

气候与生长环境
半寄生；生长于亚热带或热带气候干燥的落叶林；喜排水良好的土壤，但不包括高碱性和浅石质土壤

寿命
未知（很少有树龄20岁以上的檀香树不受到人类伤害）

生长速度
每年生长10～25厘米

最大高度
20米

檀香树花期较长，吸引蚂蚁和蜜蜂来授粉。

檀香树

芬芳之烟

学名: *Santalum album*
科名：檀香科

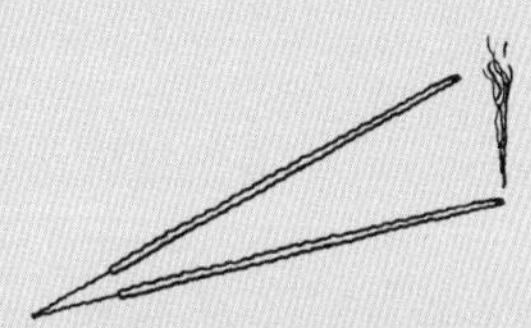

檀香树原产于印度南部，檀香精油在当地已使用了大约 4000 年。古埃及人将檀香用于焚香仪式和遗体防腐。中国考古学家在南京大报恩寺地宫的一个石函内发现了一座华丽的檀香木佛塔模型，佛塔采用鎏金银工艺制成，并嵌有珠宝，堪称檀香木工艺制品的典范。佛塔中有一块人类头骨碎片，中国科学家认为那是佛教创始人乔达摩·悉达多王子的头骨。在印度医学中，檀香木也有重要用途，它被用于敬奉湿婆神。檀香木也是耆那教、苏非派、拜火教以及中日韩宗教活动中必不可少的物品。

在印度，檀香树的生存受到威胁。不过，巴基斯坦、尼泊尔和澳大利亚西部现在也有檀香树生长。檀香木是全世界第二贵重的木材，排名第一的是曾经被称为“乌木”的非洲黑木。在巴基斯坦，檀香树归政府所有，其使用限制很严格。受限制的不仅仅是檀香木，檀香精油也是如此。最近，檀香精油的价格达到每千克 2000 美元。2009 年，西澳大利亚州生产了 20 吨檀香木。

由于檀香木很昂贵，檀香树处境堪忧。檀香树是一种半寄生植物，这正是保护该树种的障碍。它要依靠邻近植物提供养分，尤其是金合欢树等固氮植物物种。威胁檀香树的另一个因素来自其商业价值。仅仅树龄 10 年的檀香树在开始散发芬芳后，就会被人们连根拔起，就连树干和树根都被收割。

檀香树的心材厚重，呈黄色，纹理细腻，带有甜、辣味和泥土的香气。砍伐后，这种香气会持续多年。檀香树的花虽小，却妩媚动人。花期从每年 3 月持续到 4 月，颜色从茶褐色变成红棕色或暗红色。其树皮光滑、黝黑，幼树树皮几乎全黑，成熟后外观华丽，有深深的垂直裂缝。

苹果树

“禁果”疑云

学名: *Malus pumila*
科名：蔷薇科

无论口口相传的故事还是艺术作品，都认为《创世记》中提及的“禁果”就是苹果，若要终止这个谣传，恐怕需要一位优秀的律师。很多东西都有“禁果”的嫌疑，包括葡萄、石榴、无花果、长角豆、香橼、梨和其他食物（蘑菇也包括在内）。犹太教《以诺书》暗示所谓的“禁果”来自罗望子树。苹果树之所以背了这个黑锅，也许是因为词源上的误解，人们可能把“邪恶”一词的拉丁语“malum”与“苹果”的拉丁语名称搞混了[1]。

苹果树浑身是宝，它的果实不可能是禁果。它是一棵慷慨之树。其木材能够在明火中燃烧。春天时，粉色与白色相间的苹果花不仅给花园、果园增姿添彩，还给蜜蜂提供花蜜。无论人类、动物、鸟类，还是昆虫，都喜欢苹果的果肉。它可能是人类人工栽培的第一种树。

公元前 1900 年前后，苏美尔楔形文字手稿中提到了苹果园。与此相近年代的考古证据表明，在乌尔（今伊拉克纳西里耶附近），普阿比女王（Queen Puabi）坟墓中的碟子上留有一些环状苹果干，它们可能是穿在绳子上的。大多数植物学家认为，哈萨克斯坦当地的塞威氏苹果树（*Malus sieversii*）是现代苹果树的源头，而这种苹果树现在已有 3000 多个品种。

与苹果树相关的一位人物已成为美国传说。被民间传说称为“苹果种子约翰尼”的约翰·查普曼是一位具有拓荒精神的园丁。19 世纪初，他从加拿大穿越美国东北部的各州，向当地农民介绍苹果树，赞扬苹果树的优点和好处，并送给他们苹果树种子。“地道美国味”这句惯用语的形成很大程度上要归功于他。

1 “苹果”的拉丁文是 *malum*，与“邪恶”同一种写法。——译者注

常见别名

无

原产地

中亚山地

气候与生长环境

生长于温带气候中开阔的山地和林木茂密的山坡；喜排水良好的潮湿土壤

寿命

至少 200 年

生长速度

每年生长 30～60 厘米

最大高度

野生苹果树可长到 9 米

大多数苹果花刚开花时是粉红色的，随着季节变化变为白色。

常见别名

意大利柏、波斯柏、丝柏

原产地

地中海东部、北非、西亚

气候与生长环境

适合岩石类土壤，主要生长在斜坡和峡谷的石灰石土壤上，偶尔长在岩石中；喜干燥、炎热的夏季和雨量有所变化的冬季

寿命

150 年，有些柏树据说已有 600 多年历史

生长速度

每年生长 30～60 厘米

最大高度

20 米

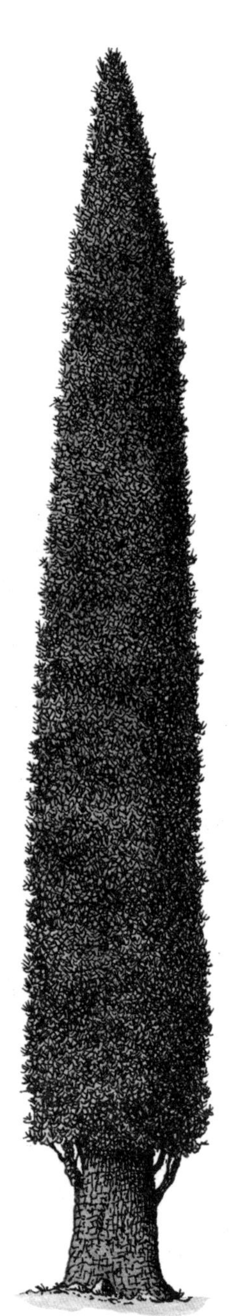

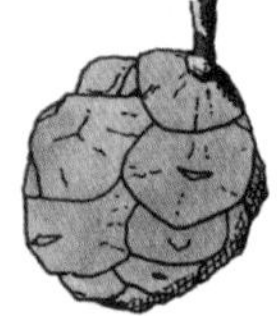

柏树的球果体形较小，雌果和雄果通常长在不同的枝尖上。

地中海柏树

冥界守护者

学名：*Cupressus sempervirens*
科名：柏科

数千年来，地中海柏树一直装饰着本土景观。在习俗与神话中，它都与冥界有关，冥界也就是人死后要去往的黑暗之地。这种关联可能是由于古代使用这种木材的习俗。埃及人用地中海柏木制作棺材；古希腊人把阵亡战士的骨灰存放在地中海柏木骨灰盒里；还有人认为，基督受难的十字架也是柏木制成的。在地中海国家，地中海柏树往往生长在墓地，绵长的寿命使其成为庄严的、永远在场的墓地守护者。

涉及地中海柏木的最广为人知的考古证据就是大约公元前 1323 年制成的图坦卡蒙法老的棺材。在他下葬的时候，部分棺材盖被大块地削去，以确保棺材紧密贴合。考古学家对这些碎片进行分析后，发现它们是地中海柏木做的，这证明了地中海柏木的耐用性。此后的 3200 多年里，它一直承受着石棺的巨大重量。

古希腊人和罗马人看重这个优点，他们使用地中海柏木造宫殿的大门。据说，罗马圣彼得大教堂最初的地中海柏木大门已有 1000 年的历史。

地中海柏树因其铅笔状外形而常被称为“塔形树”（fastigiata）或“直形树”（stricta）。许多地中海柏树已经成为意大利花园设计的标志，这一潮流始于文艺复兴时期。它瘦长的外形是装点小花园和狭窄街道的理想选择，而显著的耐热性和耐旱性，又使它能够在全球持续变化的气候中不受干扰。

一些树木很独特，能成为一个地方的标志性景观，地中海柏树就是其中之一。在明信片、电影和电子显示屏上，地中海柏树瘦长的树干、墨绿色的树冠让人想起美丽而浪漫的意大利、希腊、克罗地亚、土耳其、塞浦路斯和其他度假胜地。在画作《星夜》（1889 年）中，凡·高将圣雷米村的地中海柏树画入前景，使其留存史册。

还有，地中海柏树的精油同样值得赞美。这种精油是从它的嫩叶和茎中提炼出来的，其味如松香，清淡、辛辣、清爽，可制作润肤乳液和用于顺势疗法中，越来越受人们青睐。

西克莫无花果树

生命的源泉

学名：*Ficus sycomorus*
科名：桑科

在古埃及，西克莫无花果树被视为神圣的生命之树。在土壤贫瘠的地方，它的存在表明当地有淡水。其挂满枝干的果实既能遮阴，又可以作为食物。过去，埃及人认为无花果是哈托尔女神（天空之神荷鲁斯的养母与妻子）和太阳神拉代表的某种仁慈力量赐予人类的祝福。根据传说，西克莫无花果树是哈托尔女神的化身，两者都代表着生与死，因此，西克莫无花果存在于古埃及人的日常生活、丧葬仪式和去往来世的旅途中。事实上，古埃及国王图坦卡蒙死后，在自己的墓中储藏了大量西克莫无花果，它们与其他金银珠宝一起，被装在许多精心编织的篮子里。

这也许是图坦卡蒙受子民爱戴的象征。在如此干旱的土地上，木材永远是稀缺物品，他的子民对西克莫无花果树的使用非常谨慎。古埃及人用它来建造房屋，制作家具、农具和棺材。如今，埃及的工匠仍在使用这种木材制造各种工具，但较少用于建筑，因为它很容易被白蚁蛀蚀。

西克莫无花果树的树干又矮又粗，繁茂的枝叶宛如一座巨大的金字塔，投下一大片树荫。论及商业价值，西克莫无花果无法与常见的无花果媲美，但它们肉质甜美，可以生吃、炖煮、晒干，也可以作为酒精饮料的成分。橙红色的西克莫无花果全年生长，但要依靠一种共生的榕小蜂授粉，而榕小蜂的生命要靠无花果树维持。西克莫无花果成簇生长，紧贴着树干和成熟的树枝，呈现出一种奇特且极具观赏性的视觉效果。

在《圣经》中，西克莫无花果树被称为“桑树”。按《诗篇》的说法，在冰雹灾（“埃及七灾”之一）中，它几乎被完全摧毁。后来，据说耶稣进入耶路撒冷时，税吏撒该爬上耶利哥的一棵无花果树，看耶稣从那里经过（《路加福音》）。

常见别名

非洲桑叶榕、埃及无花果、法老无花果

原产地

北非、东非、亚洲西南部

气候与生长环境

常见于无树大草原的溪流、河流、沼泽和水坑附近，或单独出现于农田中；也生长在山地森林和常绿灌木林的周边和空地上；喜排水良好、肥沃的深层壤土或黏土，但在不太肥沃的土壤中也能茁壮成长

寿命

可长达 700 年

生长速度

每年生长 1～1.5 米

最大高度

0 米

西克莫无花果比普通无花果稍甜，香味更重。

常见别名

甜月桂、香叶树、希腊月桂

原产地

欧洲、非洲、东爱琴海岛屿

气候与生长环境

适应地中海式气候、亚热带、热带气候等各种气候条件；喜潮湿、肥沃、排水良好的酸性至中度碱性土壤；种植成功后，就能忍受干旱的气候条件

寿命

至少 60 年

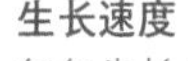

生长速度

每年生长 20～40 厘米

最大高度

18 米

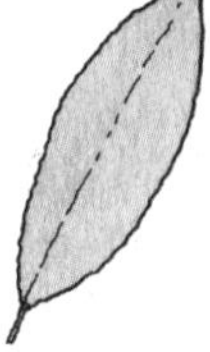

月桂叶用途广泛，鲜叶可吃，也可以晒干后做烹饪香料，带轻微胡椒味。

月桂树

胜利的象征

学名: *Laurus nobilis*
科名：樟科

对古代地中海文明来说，月桂树具有象征意义，这要归功于广受非议的非利士人。根据《旧约》记载，非利士人因与以色列人爆发冲突而闻名于世（或者说留下了千古骂名）。纵观历史，非利士人一直被描述为野蛮人。如今，包括以色列巴伊兰大学的考古学家在内的很多人认为，非利士人在公元前 1200 年一前 600 年掀起了中东的农业革命。他们将许多非常有价值的植物引进到中东地区，并发现了月桂树等本地植物的很多效用。月桂树可用作食物，这件事很可能就是他们发现的。

在古希腊，桂冠被太阳神阿波罗视为圣物，象征着荣耀、胜利和敬意。因此，它由胜利的勇士、体育赛事的获胜者甚至伟大的诗人佩戴，“桂冠诗人”称号也由此而来。此外，古希腊的女祭司为了预测未来，通常要吃月桂叶，以产生神志恍惚的效果，即所谓的“轻微麻醉”状态。

拉丁语“baccalaureus”原是“月桂果”之意，后被用来表示大学学士，即佩戴着月桂枝的学士，后又引申为未婚男性之意。罗马人也用桂冠为他们的伟大人物加冕。桂冠备受尊崇，它的形象被刻到罗马建筑上，罗马人认为它能够抵御邪咒、疾病和闪电。

如今，月桂叶被广泛用于烹饪。月桂生长于温暖的温带气候地区，可栽种于花园、花盆和容器中，或作为室内盆栽植物。在按摩疗法中，月桂油很有价值，可以减缓关节炎和风湿病；在芳香疗法中，它用于治疗耳痛和高血压；民间则将月桂叶煮熟，制成膏药，用于治疗由毒葛和荨麻引起的皮疹。

可可树

苦中带甜的商品

学名：*Theobroma cacao*
科名：锦葵科

众所周知，巧克力来源于可可树。然而，人们最初是把可可豆香甜的果肉作为酒精饮料来享用的。洪都拉斯的埃斯孔迪多港一处遗址出土了一只大约公元前 1100 年的陶瓶，里面有可可豆残渣。自那时起 1000 年后，人们才发现可可豆的美味。玛雅象形文字揭示了“苦水”（chocolatl，也叫作 xocolatyl）的制作过程，那是一种苦涩、略带辛辣的饮料，有助于提升人体的健康和活力。制作饮料时，人们往发酵的可可豆果肉中加入可可豆、辣椒、玉米粉，有时还会加入蜂蜜。

当时的艺术家把可可豆描绘为富人生活的重要组成部分，富人们甚至把可可豆作为嫁妆。早期的玛雅记录表明，女人出嫁前必须准备好可可豆，以证明她有嫁人的本钱。每年 4 月，玛雅人都要举办节日来纪念可可的守护神艾克·曲瓦（Ek Chuah）。曲瓦最显著的身体特征之一就是有一张红棕色的嘴，仿佛一直在咀嚼巧克力。阿兹特克人也非常看重可可豆，把它当作货币使用，80 颗到 100 颗可可豆可以购买一张新的布幔。

1502 年，克里斯托弗·哥伦布将可可豆引入西班牙。几年后，西班牙征服者来到墨西哥，打算垄断这种珍贵的豆子。1634 年，荷兰人成功地将可种植的可可豆种子偷运出西班牙人的地盘，并把它们带到荷兰人在斯里兰卡的种植园。

1828 年，荷兰人老卡斯帕鲁斯·范霍滕发明了可可豆压榨机，能够将黄油或脂肪从烘烤过的可可豆中分离出来，制成可可粉，然后再与黄油和糖混合在一起，做成固体可可团。1847 年，英国人福莱在他的巧克力工厂率先生产出我们今天所熟知的巧克力棒。1876 年，瑞士巧克力生产商丹尼尔·彼得往巧克力中加入奶粉，生产出牛奶巧克力。

可可豆荚很大，具有观赏价值。可可树的花簇较小，呈粉白色，由一种体形极小的飞蝇授粉。当果实成熟为橘黄色时，沉甸甸的豆荚挂满树的主干和成熟的树枝。所以，下次当你打开一盒巧克力时，要感谢一下这种小飞蝇，是它成就了你手里的美食。

常见别名
可加树、巧克力树

原产地
墨西哥、中美洲和南美洲北部

气候与生长环境
生长于雨林中，常见于较大的常青树下；喜肥沃、潮湿、排水良好的中等酸性至碱性土壤

寿命
可长达 200 年

生长速度
幼树每年长 50～100 厘米

最大高度
8 米

可可豆的大豆荚里包裹的种子是制作巧克力的原材料。

常见别名
西班牙栗、西洋栗、欧洲栗

原产地
南欧、安纳托利亚半岛

气候与生长环境
生长于温暖的温带气候；喜无石灰的深层土壤

寿命
可达 2000 年

甜栗果实被包裹在一个多刺的壳斗里，被称为“刺果”。每个刺果包含1～7颗栗子，具体数量因品种而有所不同。

生长速度
每年生长 10～25 厘米

最大高度
35 米

甜栗树

门是直的[1]

学名：*Castanea sativa*
科名：壳斗科

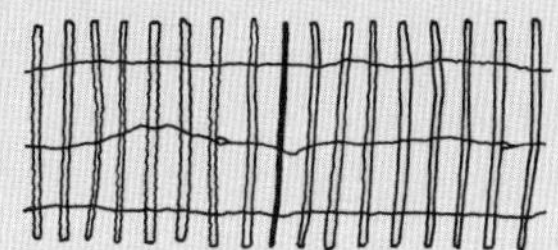

甜栗树的原产地是高加索地区。它可能早在冰河时期之前就存在了，并且安然度过了冰河时期，生长在高加索的残存甜栗树向外传播到世界各地。甜栗树的现代学名叫“萨蒂瓦”（*sativa*），即“栽培”之意，这个词本身表明了它的传播在很大程度上是人为的结果。最早提及甜栗的书面文字来自古希腊，它很有可能是从这里传入罗马和罗马帝国的。大约在公元 100 年，甜栗树被传到英国，英国人把其富含营养的坚果与一种玉米面粉混合，以此作为军团士兵的主食。

甜栗树很高大，与橡树和山毛榉属于同科植物，某些种类的橡树和山毛榉有与其相似的叶子，这点可以提醒我们，它们确实同源。甜栗树的寿命很长。在欧洲的许多地方，有些甜栗树的寿命可达千年以上，其基部粗糙、开裂，呈球根状，看上去好像疾病缠身，不知何故幸存下来。“托特沃思栗树”（The Tortworth Chestnut）以其所在的英国格洛斯特郡的一座小村庄为名，据说它是在公元 800 年种植的。此外，还有书面证据证明它的历史可追溯到 1150 年。

相比其他坚果，甜栗的脂肪和蛋白质含量较低。在中世纪，土豆尚未从新大陆引入欧洲时，甜栗是人们摄取碳水化合物的重要来源。甜栗树的木材也有很高价值。许多森林中都生长着甜栗树，这证明了过去人们有修剪小树以助其生长的传统。甜栗的幼树长势迅猛，会长出又长又直的树枝，其木材也很容易劈开，如今仍被用来制造跳栏、大门、栅栏和围篱。它是一种理想的木柴，但燃烧时很容易爆裂发出噼啪声，所以在使用明火时要注意安全！

数世纪以来，每逢圣诞节和新年，街上总会卖甜栗子。如今，在英国的许多城镇，秋冬季时卖栗子的商贩仍随处可见，他们把栗子放在火盆上烤。

1　此处原文引自《圣经》典故“门是窄的”（Strait is the door），指甜栗树木材做出的门很笔直。——译者注

圣栎

松露之源

学名: *Quercus ilex*
科名: 山毛榉科

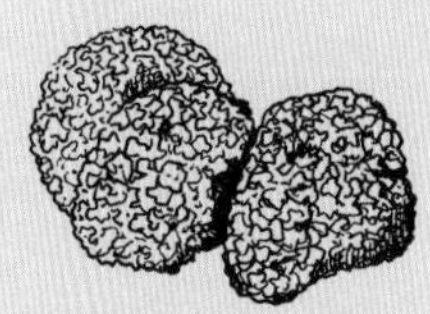

常绿圣栎的叶子与冬青树类似，圣栎的“圣”（holm）正是冬青树英文名“holly”的古英语形式。然而，圣栎体态雄伟，看上去更像有梗花栎，也就是英国橡树。它们生活的年代相近，所产木材也类似。尽管圣栎的原产地是地中海气候地区，但在加州和美国东南部，它的长势也很好。在英格兰南部，作为外来树种的圣栎抵御着含盐的海风，在可俯瞰怀特岛文特诺的唐斯丘陵上，成长为一片归化森林。它是由维多利亚时代的人带到英国的，他们热衷于收集和引进新的物种来装饰自己的庄园。在自然界“树种播种机”松鸦的帮助下，圣栎得以快速传播。因此，圣栎非常享受它在海边的时光，它甚至可以在荒地上繁殖，而人们不得不用山羊来控制它的传播。

圣栎的木材坚硬，罗马人用这种木材制作车轮的辐条和红酒桶。在此之前，古希腊人用它来制作名人佩戴的花冠。他们认为圣栎有预测未来的能力，而栎实则代表生育能力，所以人们认为佩戴栎实首饰能够提高生育能力。

在近代，人们大量种植圣栎，只是为了采集其根部生长的真菌——扭叶松露。为了满足法国人对于扭叶松露的烹饪需求，法国南部种植了圣栎林。众所周知，扭叶松露要靠猪或狗从腐烂的叶子下嗅出来。在西班牙，圣栎实和栓皮栎实一样，是猪的重要食物，它们赋予了伊比利亚火腿独特的风味。

圣栎的叶子可挂在枝头三年，很厚，呈革质，在冬天可以储存水分，以抵御夏季的干旱。

常见别名

冬青栎、常青栎

原产地

南欧

气候与生长环境

适合多种生长环境，可能最适合较温和的海洋气候和石灰岩土壤；极耐盐

寿命

可达 1000 年

生长速度

每年生长 20～30 厘米

最大高度

25 米

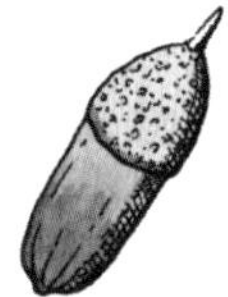

圣栎的栎实比英国橡树的栎实小，有尖端。

常见别名
枸橼、犹太柠檬、香泡

原产地
喜马拉雅山脉东部、印度

气候与生长环境
生长于温暖潮湿的气候；喜排水良好、肥力有限、从酸性到碱性的各类土壤

寿命
通常 50 年

生长速度
每年生长 20～40 厘米

最大高度
5 米

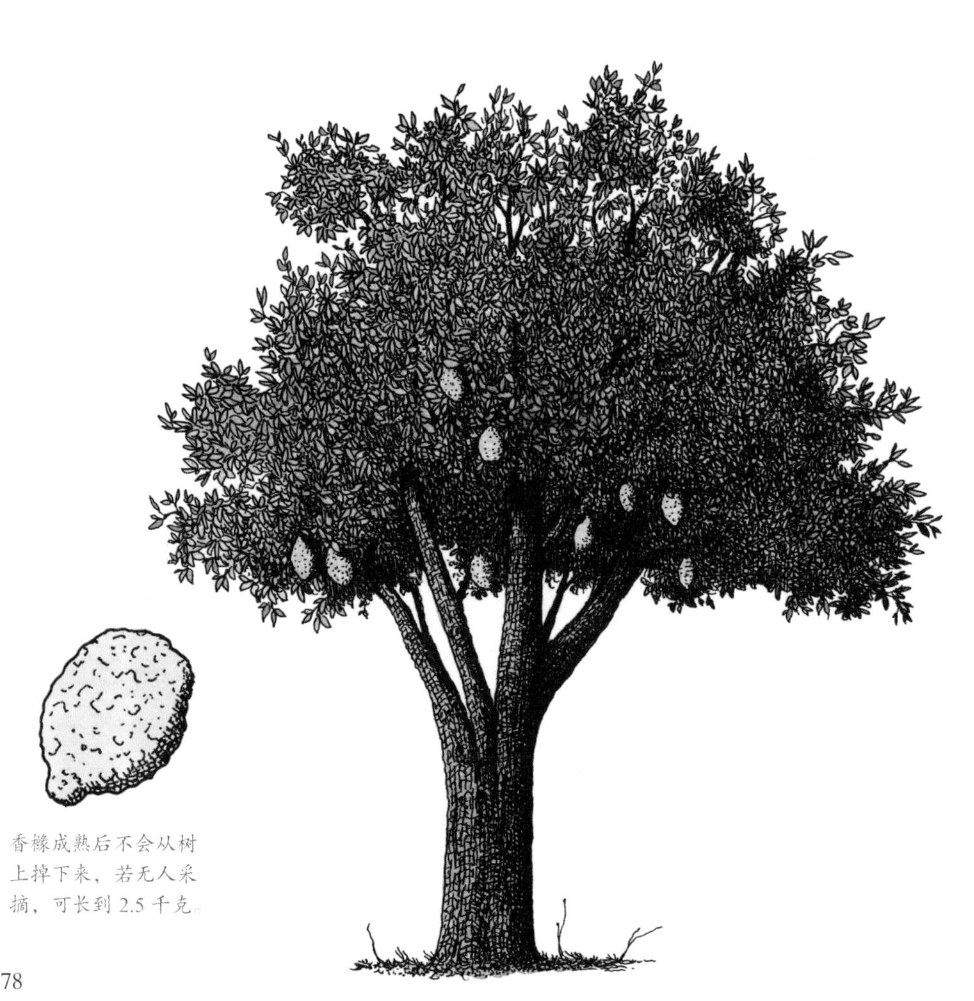

香橼成熟后不会从树上掉下来，若无人采摘，可长到 2.5 千克。

香橼树

圣诞风味

学名：*Citrus medica*
科名：芸香科

人类对柑橘类水果橘子、柠檬和葡萄柚的喜爱可以追溯到很久以前，以至于这些物种的起源被笼罩在时间的迷雾中。如今，专业的考古研究和现代科技表明，作为一种小型灌木，香橼树源自喜马拉雅山东部山麓，之后向西传播。在如今耶路撒冷的基布兹[1]拉马特瑞秋（Ramat Rachel）遗址上，考古学家发掘出约公元前680年的波斯宫殿花园。考古植物学家在分析了从花园墙壁上取下的墙泥样本后，发现里面有公元前538年的香橼花粉，这早于犹太历史上一个重要时间节点——公元前539年。这一年，巴比伦王国被波斯国王居鲁士大帝消灭，犹太人返回犹大王国。

香橼树很可能是通过波斯传播到古希腊和罗马的，于是人们误认为波斯是它的原产地。公元前310年前后，希腊哲学家、植物学之父提奥夫拉斯图斯（Theophrastus）在他的著作《植物志》（*Historia Plantarum*）中把香橼果称为“波斯苹果”。在该书的最后几章中，提奥夫拉斯图斯专门论述了植物和树木的药用价值，尽管他可能夸大了“波斯苹果”的解毒功效。

如今，香橼树已变成一种鲜为人知的柑橘属果树，其果实像一种超大、起皱、形状怪异的柠檬。单只香橼果的质量达2.5千克，这种外形丑陋的水果几乎完全是果皮和海绵层，且只有少量果汁，根本不像它的近亲柠檬。香橼果皮油因含香气而具有较高价值，果皮煮沸后苦味就会消失，然后加入糖，做成蜜饯，它是圣诞蛋糕和布丁的主要成分之一。香橼果的果汁可制成饮料或用于烹饪的甜汁，印度菜尤其喜欢使用这种甜汁。香橼树拉丁名中的“*medica*”指的是其在古代的医用价值，当时它最常见的用途就是口腔清新剂。

香橼树已成为犹太人心目中的神树，每年9月底至10月中的住棚节，犹太人都会使用一种果实较小的香橼树，名为“埃思罗格”（etrog）。

---

1 基布兹（Kibbutz，即为“聚集”之意）是以色列的一种集体社区，过去主要从事农业生产，现在也从事工业和高科技产业。——编者注

梅树

春天的使者

学名：*Prunus mume*
科名：蔷薇科

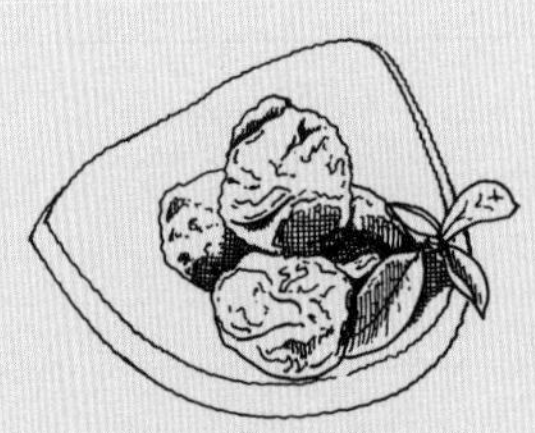

在冬日的冰雪中，娇艳芬芳的梅花仿佛预示着春天的到来。梅树有几种名称。在原产地中国叫梅树。在西方，它被称为“日本杏树”或“杏花树”。日文汉字写法也是“梅”。美味的梅干（即经过腌制和干燥的梅肉）因此而得名。不管叫什么名字，自公元前 5 世纪起，梅树就一直是东亚人民创作灵感的来源。

无数绘画、织物和陶瓷描绘了枝头白色或粉红色调的梅花，而它的美丽一直在赋予作家、诗人和作曲家灵感。民国时期，虽然与备受喜爱的牡丹有过激烈的竞争，梅花还是因其纯洁、坚忍和不屈不挠的精神，被官方认定为中国的国花。明朝末年，造园家计成在其造园专著《园冶》中，把梅树形容为“林月美人”。在儒家思想中，梅花代表着原则和美德。

梅树的果实为绿色或黄色的椭圆形或圆形小果（直径不超过 3 厘米）。梅子收获的季节为每年 6 月和 7 月。梅子的果肉很酸，晒干后，它们就变成了各种形式的食物和饮品。在中国，这种水果通常被制成浓稠的甜酱，或者在经过熏制、煮熟和用糖腌制后，变成一种带烟熏味、咸味的冰镇夏季饮料酸梅汤。在日本，梅子是用盐腌制的，这样可以带出梅子的酸味和咸味。它还可以用来酿一种甜酒，类似于樱桃白兰地。

在中国，梅花有多种栽培形式，包括标准型、垂枝型、观赏型和盆景型。盆栽梅花以曲为美，以枝老怪异为贵，再加上枝头俊俏的梅花，给人以希望和欢乐，通常用来迎接新年。在日本，无论在精神上还是文化上，日本人都表现出对自然界四季的热爱，而他们一年当中的赏花活动始自冬季绽放的梅花。因梅花的娇艳和芳香，园丁会在凉爽的温带气候中种植梅花，在那里盛开的梅花标志着冬天即将结束，能带给人喜悦感。

常见别名
日本杏树、梅花、乌梅

原产地
原产于中国、老挝和越南，
被移植到日本和韩国

气候与生长环境
生长于温带至亚热带气候的山坡、稀疏的森林、溪流旁和耕地边缘；喜酸性至中度碱性的持水壤土或排水良好的黏土

寿命
0～150 年

生长速度

幼树每年生长 10～15 厘米

最大高度
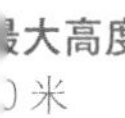
0 米

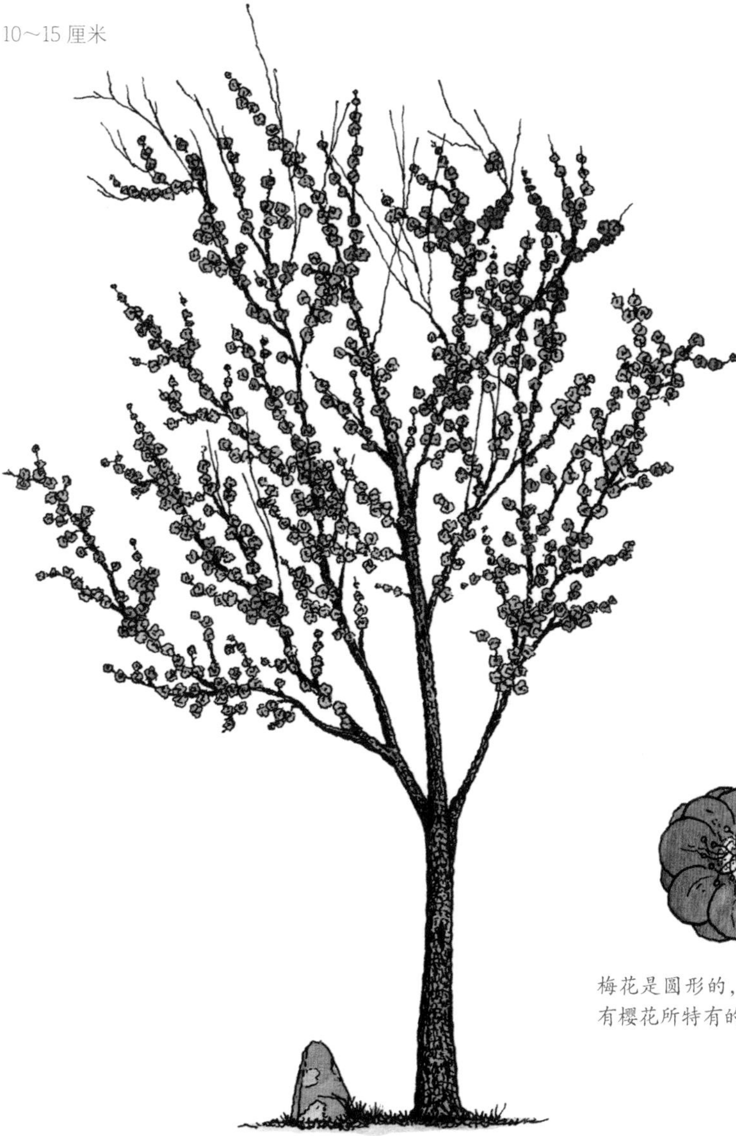

梅花是圆形的，花瓣的尖端没有樱花所特有的那种小裂口。

榕树的树叶宽大，为印度次大陆的村庄提供了宜人的树荫。

常见别名

尼拘树

原产地

印度、巴基斯坦

气候与生长环境

生长于热带森林；喜湿润
较肥沃的酸性至中性土壤

生长速度

树枝通常每年生长 20～4
厘米，气生根的生长速
更快一些

寿命

至少 700 年

最大高度

30 米

孟加拉榕

紫胶虫的家园

学名：*Ficus benghalensis*
科名：桑科

孟加拉榕的生长过程既奇特又不可思议，它遍布于印度次大陆的热带森林，并以一种其他树木无法比拟的方式扩散种子。孟加拉榕的种子很小，由鸟类进行传播。那些掉在地上发芽的种子不太可能存活，而那些掉落于裂缝、其他树木的枝丫甚至人造建筑物上并且发芽的种子则会扎根地面。幼榕扎根之后，便会慢慢裹住并杀死它的宿主。随着时间的推移，这些气生根会形成几根支撑树干，撑起大而密的树冠，单单一棵孟加拉榕看上去就像一片小森林。如此奇特的生长过程使孟加拉榕获得了“绞杀榕”的外号，许多榕属树种都有这种奇怪的习性。

孟加拉榕原产于印度北部的恒河流域，其英文名“banyan”来源于古吉拉特语“banya”，意为“杂货商”或“商人”。印度人称之为“卡尔帕维沙”（Kalpavriksha），即“生命之树”。孟加拉榕是三面神（Trimutri）的化身，它的树皮代表守护之神毗湿奴，树根代表创造之神梵天，树枝代表破坏之神湿婆。据说，佛祖在菩提树下冥想时获得了顿悟，但在接下来的第五周，他是在“牧羊人的孟加拉榕”下度过的。孟加拉榕下的地面通常是信徒祈祷和冥想的场所，佛教雕像和寺庙可能会被孟加拉榕完全覆盖。在印度东部的库尔达镇（Khordha），乌特卡尔大学的学生发现了一个实例。他们在一棵孟加拉榕下发掘出一尊已有1400年历史的罕见佛祖塑像，上面有保护佛祖的七头蛇塑像。

孟加拉榕还是紫胶虫（*Laccifer lacca*）的宿主。紫胶虫是一种以榕树树液为食的昆虫，它会分泌树脂来保护自己和虫卵。树脂经过采集和加工之后就变成了紫胶，既可用作蜡烛涂层，也可用于生产指甲油和药物。在互联网时代，孟加拉榕也获得了认可，人们从其庞大的根系中获得灵感，将计算机网络操作系统命名为“Banyan Vines”，即“榕树藤”之意。

甜橙树

玻璃橘园的诞生

学名：*Citrus sinensis*
科名：芸香科

甜橙原是喜马拉雅山脉东南部地区的野生品种，后通过天然杂交和人工选择，发展成为全世界最常见的人工栽培果树。柑橘属果树种类繁多，因此，甜橙树的起源时间难以考证。人们认为，该物种至少已有2500年的历史。据说，最早提及甜橙树的文字是公元前4世纪中国诗人屈原的作品。他的诗《橘颂》可能指的就是甜橙，或是其祖先之一柑橘。地中海地区种植甜橙树已是两千年后的事情了，很可能是意大利商人或葡萄牙航海家将甜橙树带到了欧洲。16世纪，西班牙商人和探险家把甜橙树引进美洲，在那里，甜橙生产变成一个巨大产业。

整个欧洲对甜橙的需求迅速增长，在较寒冷的温带气候国家，富人建造了精致的玻璃温室用于种植甜橙，即“玻璃橘园”。第一座玻璃橘园建于1545年的意大利城市帕多瓦，这种种植方法随即流行开来。1617年，巴黎卢浮宫增建了一座玻璃橘园。这激发了路易十四的灵感，他命人在凡尔赛建造了欧洲最大的玻璃橘园，据说里面种植了3000棵甜橙树。1761年，伦敦建造了两座玻璃橘园，一座在肯辛顿宫，另一座在邱园。

海军卫生学先驱苏格兰人詹姆斯·林德医生发现，柑橘类水果可以治疗水手们闻之色变的坏血病。1753年，林德出版了作品《论坏血病》（*A Treatise of the Scurvy*），详细介绍了他对12名患坏血病的水手进行的多项测试，包括使用大蒜、山葵、蘑菇、苹果汁、柠檬和橙子，康复最快的是那些接受柑橘疗法的水手。

甜橙树在中等温度下生长良好。它的花朵呈白色，不仅非常漂亮，而且香气宜人，能够吸引许多昆虫前来授粉。果实和花朵可以同时长在甜橙树上，而且它一年四季都有迷人的深绿色叶子。

此外，妮尔·格温[1]的确在王政复辟时期[2]的剧院里卖过橘子，每个橘子卖六便士，相当于一名士兵一天的工资。

1　妮尔·格温（Nell Gwyn）是复辟时期的一位名人。作为英国舞台上最早的女喜剧演员之一，她曾被塞缪尔·佩皮斯（Samuel Pepys）称赞。她因长期作为英格兰和苏格兰国王查理二世的情妇而闻名。——编者注

2　王政复辟时期是英国1660—1688年这一历史时期。——编者注

常见别名

柑橘、橙子、黄果树

原产地

中国

气候与生长环境

生长于较为温暖、阳光充足的温带气候；喜潮湿、排水良好的中性至碱性土壤

寿命

通常 50 年

生长速度

每年生长 20～60 厘米

最大高度

米

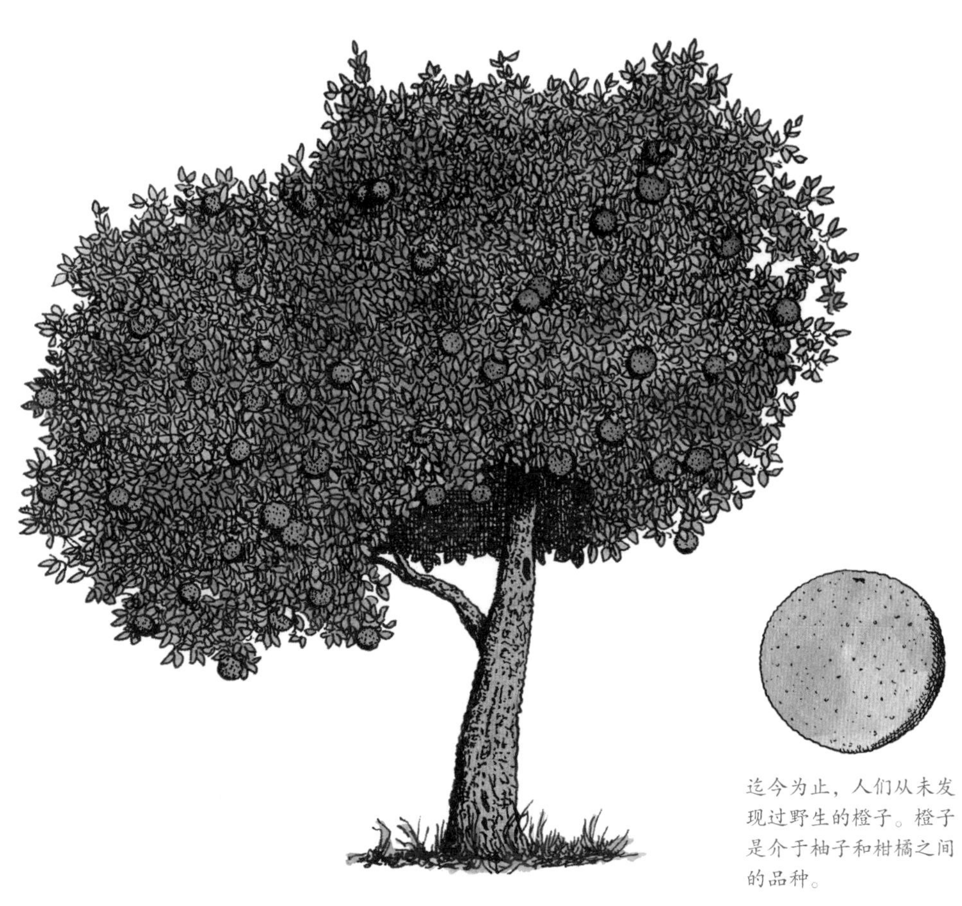

迄今为止，人们从未发现过野生的橙子。橙子是介于柚子和柑橘之间的品种。

常见别名

菩提榕、毕钵罗树、印度菩提树、觉树

原产地

印度、东南亚

气候与生长环境

生长于热带雨林至暖温带地区；适应性强，喜肥沃的冲积土壤

寿命

可长达 1500 年

生长速度

每年生长 30～60 厘米

最大高度

30 米

与榕属的其他树木一样，菩提树需要榕小蜂授粉。

菩提树

顿悟的佛陀

学名: *Ficus religiosa*
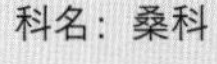
科名：桑科

菩提树，通常也被称作“毕钵罗树”，它也许是所有树木中最神圣的。菩提树原产于印度和东南亚部分地区，是桑科榕属的又一成员。菩提树是一种广泛分布的大乔木，在旱季属落叶树，有时属半常绿树。菩提树可长到 30 米高，树干直径可达 3 米。

其叶呈心形，带一独特的尾尖，或者叫滴水尖，叶柄纤细。即使无明显的风，叶子也可以持续摇动，这种现象也会在杨树和白杨上出现，因为它们也有相似形状的叶子。菩提树的根系大部分裸露于地面，会形成一个骨架状的裙衬形树基。菩提树的果实较小，未成熟时呈绿色，成熟后呈红色或紫色。

印度教和佛教的信徒将菩提树视为神树。印度教教徒相信，菩提树叶看似神奇的摆动预示着提婆居于其上。其实，菩提树叶之所以会摆动，是因为其周围存在热气流。在印度教经文《薄伽梵歌》中，奎师那说道:“诸树中，吾乃菩提树；诸圣仙中，吾乃那烂陀；诸乾闼婆中，吾乃吉达罗他；诸至善者中，吾乃圣者迦毗罗。”最广为人知的是，佛陀在如今印度比哈尔邦的菩提伽耶的树下冥想时获得了顿悟。那棵菩提树已经被毁，并经过数次更换。在公元前 288 年，原菩提树的一根树枝被移植到了斯里兰卡的阿努拉德普勒，长大成树，人们称之为“大菩提树”。它是世界上最古老的人工栽培的被子植物（开花植物）。

臭椿树

穷人的丝绸

学名：*Ailanthus altissima*
科名：苦木科

印度尼西亚的安汶人起初用“天堂树”指代臭椿属的一个热带树种——学名 *Ailantbus*，该词源自安汶语“ailanto”，意为“擎天大树”。如今，这个名字被西方人用来形容臭椿树，它是唯一能在温带气候中生长的耐寒植物。

论优点，很少有树木能与臭椿树并肩；而论缺点，能与之相比的树木则更少。先说好的一面：它有绚丽的叶子、美观的树皮和赤褐色的翅果，且适应能力强。贝蒂·史密斯在她 1943 年写的半自传体小说《布鲁克林有棵树》（*A Tree Grows in Brooklyn*）中，形容臭椿树常在“木板封住的空地上、被人无视的垃圾堆里和地窖的栅栏之外”生长，并且是“唯一生长在水泥中的树”。臭椿树的原产地在中国，至少从公元前 3 世纪起，臭椿树就被当作药物使用（现存最古老的汉语词典《尔雅》提到了臭椿树和其他树木），其叶子可以治疗疖子、脓肿和瘙痒；树皮可以治疗痢疾、内出血、癫痫甚至秃顶。除此之外，臭椿树还是一种蚕的栖身之所。这种蚕以臭椿树的叶子为食，吐出的蚕丝可用于织制茧绸或山东绸，比桑蚕丝制成的绸缎更便宜、更耐用。

臭椿树也有其“阴险”的一面。在那些夏季漫长、炎热的地区，它用各种手段积极扩张自身的领地，包括播撒种子、吸收其他植物的养分，甚至采用一种类似于化学战的“植化相克”手段，把树皮和叶片含有的毒素积聚在土壤中，从而抑制其他植物的生长。要根除臭椿树是件非常困难的事情，就算把臭椿树砍掉，它的树桩也会迅速长出新的植株。只要土壤中存在残根，它就可以再生。

在西方国家，人们把臭椿树种在公园和街道两旁，此举也许不太明智。“臭椿树”原意是“散发臭味之树”，它的雄花散发出一种臭味，有人将其形容为烧焦或腐臭的花生酱、用过的健身袜和猫尿的混合体，可谓非常生动形象。因此，在许多城市，臭椿树被戏称为“贫民窟棕榈树”“臭树”和“地狱之树”。

椿蚕的幼虫以椿树叶为食。

常见别名

樗、南方椿树、黑皮椿树

原产地

中国北方

气候与生长环境

生长于高海拔或低海拔地区；喜潮湿、排水良好的肥沃土壤；能忍受除水涝以外的所有环境条件；适应较暖和较热的温带气候

寿命

50 年（植株死后，其根蘖可继续存活）

生长速度

每年生长 0.5～2.5 米

最大高度

25 米

常见别名

欧洲枸骨、枸骨叶冬青、英国冬青、圣诞树

原产地

欧洲、亚洲西南部

气候与生长环境

生长于温暖和较寒冷的温带地区；适宜林地，喜潮湿但排水良好的土壤

寿命

长达 500 年

生长速度

每年生长 10～25 厘米

最大高度

25 米

在基督教中，冬青的红色浆果代表基督的血液，尖叶代表基督的荆冠。

冬青树

基督的荆冠

学名：*Ilex aquifolium*
科名：冬青科

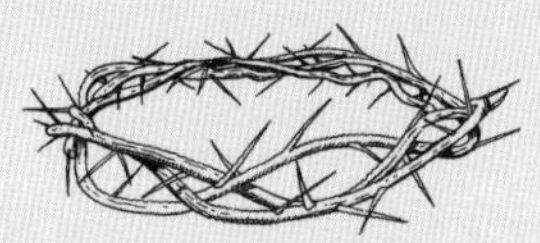

在世人将冬青树与圣诞节关联起来之前，德鲁伊特人认为它是神圣的，拥有特殊的力量，象征着生育能力和永恒的生命。砍伐冬青树会带来厄运；相反地，人们认为把冬青树多叶、深绿色的树枝挂在家里，家人就会得到保护。罗马人把冬青树和他们的农业与收获之神萨图努斯联系起来，并在每年 12 月的农神节上，用冬青树做装饰。如今，冬青树仍以两种方式象征着耶稣基督：红色的浆果代表他在受难那天流的血，尖尖的叶子代表他死前戴在头上的荆棘王冠。在德国，冬青树常被称为“基督之荆”。

冬青属植物的品种多达 800 个，分布于欧洲、北非和西亚。无疑，本文所说的枸骨叶冬青树（*Ilex aquifolium*）最为常见和出名。作为绿篱植物，冬青树通常以下层常绿植物的形式出现在森林边缘附近，或者作为一种观赏灌木或小乔木，以多种栽培形式出现在花园、公园和植物园中，尤其适合在橡树和山毛榉林地里生存。冬青树雌雄异株（雌花和雄花长在不同的树上，且只有雌性植株结果）。冬青树的浆果产于隆冬，是鸟儿重要的食物。维多利亚时代的园丁非常喜欢寻找相对罕见的冬青品种，比如带金色、银色或斑驳色叶子的品种。

在整个生命周期中，无论冬青树长得多高，其树皮都保持着光滑，且呈青灰色。它的边材和芯材是所有树木中最白的。冬青木纹理致密，长期被人们用来制作碗和棋子，或用作装饰镶嵌作品。有人还把冬青木染黑，作为乌木的替代品。冬青树枝也被大量用于制作传统的树篱，因为它的刺能阻止动物穿过。

栓皮栎

葡萄酒守护神

学名：*Quercus suber*
科名：壳斗科

古时候，密封储藏饮食是一件非常重要的事情，尤其在确保军队供给时。这些储藏容器中，最重要和最具标志性的是双耳瓶，它们被古埃及人、古希腊人和古罗马人广泛使用。最初，人们尝试用黏土或树叶等材料密封双耳瓶，然后用松树和其他树的树脂汁液固定瓶口，但这些材料都无法与软木塞同日而语。使用软木塞的早期记载来自公元前 2 世纪，当时的罗马参议员和历史学家老加图强烈建议酒精发酵完成后，用软木塞和沥青封住瓶口。

从那时起，栓皮栎的树皮就成为人们熟知的葡萄酒软木塞。栓皮栎还有其他许多用途：它可以用来制作板球；由于具备出色的防火性能，还可以用来制作隔热层、隔音层和抗震层；或者制成鞋子以及耐磨的地板和垫圈材料；甚至用于航天器的热保护系统。

葡萄牙和西班牙的栓皮栎产量占全世界产量的一半以上。拥有 230 年历史的索布雷罗软木纪念碑就矗立在葡萄牙的阿瓜斯德莫拉镇，自 1988 年起，它就是葡萄牙的国家纪念碑。栓皮栎在葡萄牙经济中也扮演着重要角色。每年从 5 月初至 8 月底，在不借助任何机械的情况下，人们把栓皮栎的外层树皮去除掉。被称为“树皮提取者”的熟练工用一把特殊形状的锋利斧头以极高的精度，小心翼翼地将栓皮栎的外层树皮割下来。

这种奇特的可再生树木也受到气候变化、疾病暴发和螺旋盖酒瓶普及的影响，这些因素导致软木产量下降。对于“树皮提取者”和以掉落的栓皮栎果实为食的羊和猪来说，显然是个坏消息。

常见别名

西班牙栓皮栎、欧洲栓皮栎、软木栎

原产地

地中海地区

气候与生长环境

生长于温暖的温带气候中；喜排水良好的沙质土壤；能忍受短时间的洪水期以及长时间的严寒天气

寿命

00～300 年

生长速度

每年生长 60～90 厘米

最大高度

0 米

栓皮栎的树叶在生长的第二年脱落，其长度大于英国栎的叶子。

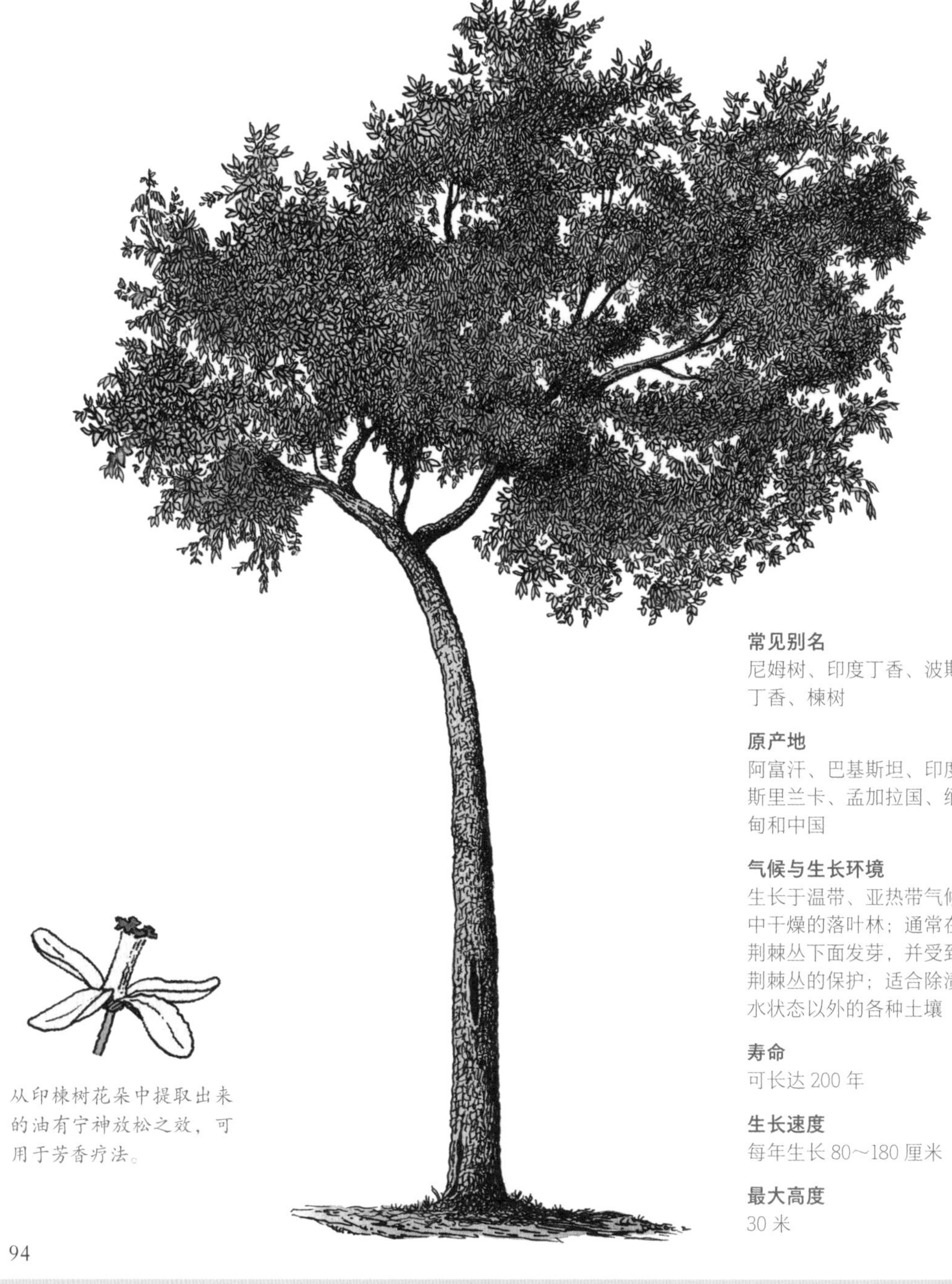

从印楝树花朵中提取出来的油有宁神放松之效，可用于芳香疗法。

常见别名
尼姆树、印度丁香、波斯丁香、楝树

原产地
阿富汗、巴基斯坦、印度、斯里兰卡、孟加拉国、缅甸和中国

气候与生长环境
生长于温带、亚热带气候中干燥的落叶林；通常在荆棘丛下面发芽，并受到荆棘丛的保护；适合除渍水状态以外的各种土壤

寿命
可长达 200 年

生长速度
每年生长 80～180 厘米

最大高度
30 米

印楝树

疗愈之树

学名：*Azadirachta indica*
科名：楝科

印楝树也被称为尼姆树或印度丁香，无论是在它自然分布的地区还是其他地方，都因其治疗效果而著称，被印度人奉为神树。作为常青树种，印楝树根系发达，有助于它在干旱条件下保持活力。在印度医学中，印楝树可入药。古印度医学文本描述了神灵和人类从业者通过圣贤共享药物知识。流行了400多年的古印度医典《阇罗迦本集》给我们提供了印楝树入药最早期的证据。

经过人工栽培后，印楝树的树干相对狭窄，但野生印楝的树干很厚实，足以撑起巨大的树冠。树冠上的叶子呈亮绿色，较细长，边缘呈锯齿状。春天，娇嫩的白色花朵覆盖着细细的嫩枝。当成簇的黄绿色果实形成时，这些嫩枝就会下垂。印楝树成熟后，树皮明显开裂，并被镀上灰色、红色和棕色的阴影。许多城市的街道两边都种植了印楝树，为行人提供阴凉。

印楝树的任何一个部位都可以用来入药或治疗病人，这一做法已经延续了近2000年。在梵语中，印楝树有很多种叫法，其中一种叫法为“*pinchumada*”，即“麻风病克星”和“皮肤病疗愈者”之意。在印度医学中，印楝树因其有抗病菌、抗病毒、抗真菌和镇静止痛等疗效而备受重视。传统的印楝药酒具有预防疟疾的功效。阿育吠陀和悉达医学[1]从业者都使用印楝树来治疗皮肤病和给血液排毒。长期以来，人们使用印楝树保持口腔卫生，通过咀嚼印楝树枝来释放其天然的抗菌成分。咀嚼过的树枝一端会分成好几股小枝丫，使其具有牙刷的功效。

鉴于这样的疗效，印度教和佛教教徒对印楝树的崇拜就不足为奇了。印度教通常把宇宙之神贾甘纳特的圣像雕刻在印楝木上，供奉在神庙中。对于信徒们来说，用印楝木雕刻这些色彩鲜艳的圣像极具意义，每隔12年到19年，虔诚的信徒们都要把这些圣像更换一遍。

1　印度的医学体系包括阿育吠陀医学和悉达医学。——编者注

欧洲野榆

罗马的葡萄架

学名: *Ulmus minor* ‘Atinia’
科名：榆科

欧洲野榆起源于罗马人引进的一棵树，并通过克隆基因相同的单棵植株来增加数量，如今这已成为众所周知的事情。也有传言称，欧洲野榆来自意大利的阿蒂纳[1]，因而被称为“阿蒂纳榆”。之所以出现这种前所未有的情况，是因为那棵树的根蘖能够自我复制，从而实现自然再生，或由人类重新种植它们。大约2000年前，罗马人将来自意大利的原始克隆植株用于葡萄栽培。他们将榆树按固定间隔种植，等它们长到3米高时砍掉顶部，由此长出的细枝为葡萄藤提供了极好的支撑。如今，“阿蒂纳榆”已经成为全球通用的名称，但还是有人称它为欧洲野榆。

榆树的木材坚固、耐用且防水，这些特性使它非常适合制造水管（即它的空心树干）、防波堤、码头和运河水闸。如今，与橡木相比，榆木用量缩减的趋势更为明显，但它仍受到人们的重视，成为制造船只、地板和家具的优质材料。

由于从单一克隆体繁衍而来，当这些植株患上某种真菌疾病时，就会产生灾难性的后果。荷兰人首先发现了这种真菌病的传播者榆绒根小蠹，此病因此也被称为“荷兰榆树病”。这种疾病据说起源于亚洲，它于1910年首次出现在欧洲，随后的大规模传播（比如20世纪60年代的大规模传染）导致榆树种群骤减。如今，欧洲几乎很难找到没患过荷兰榆树病的榆树样本，但在英国南部海滨城市布莱顿的一处公园里，有两个最好的样本。这两棵树已有400多年历史，被称为“布莱顿普雷斯顿双子树”，当地政府正竭尽全力管理和保护这两棵雄伟的榆树。

榆树是英国艺术家约翰·康斯太勃尔最喜欢表现的主题，他的两幅最著名的画作中都出现了榆树：一幅是创作于1821年的《玉米田》，另一幅则是创作于1826年的《从主教花园看索尔兹伯里大教堂》。榆树也经常出现在英国文学中，其中最引人注目的是莎士比亚的《仲夏夜之梦》，泰坦尼娅对波顿说：“睡个好觉，我会把你抱在怀里……女萝也正是这样缱绻着榆树的斑驳的臂枝……”

---

1 阿蒂纳是意大利拉齐奥大区弗罗西诺城内的一个小镇。——编者注

榆树的叶子是圆形或椭圆形的，边缘呈锯齿状，表面粗糙有茸毛。

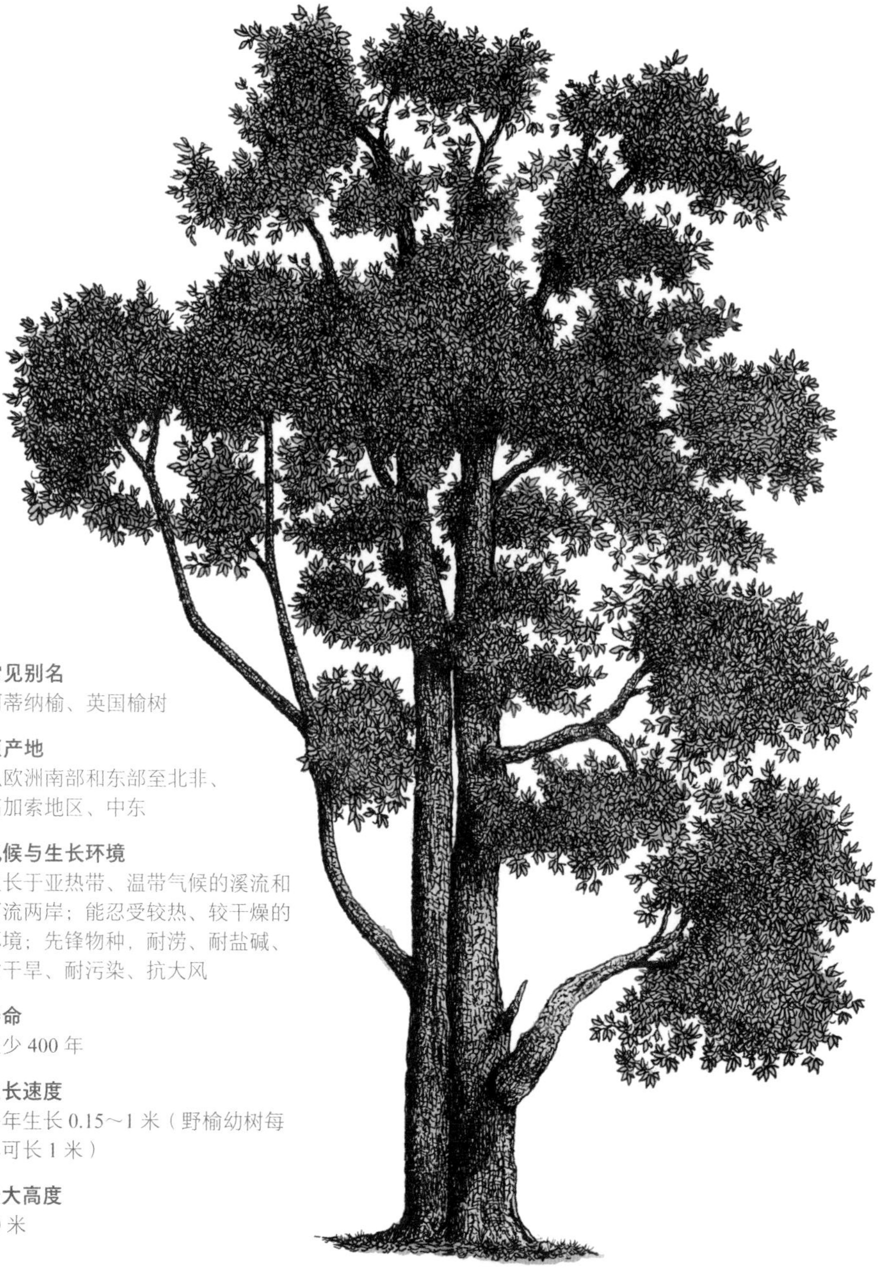

见别名

蒂纳榆、英国榆树

产地

欧洲南部和东部至北非、
加索地区、中东

候与生长环境

长于亚热带、温带气候的溪流和
流两岸；能忍受较热、较干燥的
境；先锋物种，耐涝、耐盐碱、
干旱、耐污染、抗大风

命

少 400 年

长速度

年生长 0.15～1 米（野榆幼树每
可长 1 米）

大高度

米

常见别名
圣荆棘树、单子山楂

原产地
英格兰萨默塞特郡格拉斯顿伯里镇

气候与生长环境
生长于温暖的温带地区，适合阳光充足、有持水黏土的地方

寿命
100～150 年

生长速度
每年生长 40～60 厘米

最大高度
7 米

每年圣诞节，一株已开花的圣荆树枝被当作圣诞礼物送给英国国王。

格拉斯顿伯里荆棘树

神奇之树

学名: *Crataegus monogyna* 'Biflora'
科名：蔷薇科

据说，格拉斯顿伯里荆棘树原产于英格兰萨默塞特郡的格拉斯顿伯里镇，很少有树木像它那样如此具有戏剧性和争议性。格拉斯顿伯里荆棘树是常见单子山楂树（*Crataegus monogyna*）的一种。普通山楂树每年5月开花，而格拉斯顿伯里荆棘树更有生命力，它在冬天生长旺盛，并在圣诞节前后迎来第二次花期［它名字当中的“双花期”（Biflora）便由此而来］。仅从植物学上看，格拉斯顿伯里荆棘树是一种带刺的、外观凌乱不堪的树木，它的花呈白色，树干和树枝又瘦又长。然而，在过去的2000年里，它的荆棘成为无数神话、传说和宗教信仰的主题。

关于这一人工栽培品种的首份文字记载可追溯到16世纪初。依福音书的叙述，亚利马太的约瑟是一位来自巴勒斯坦南部犹地亚的犹太富人，在基督被钉死在十字架上后，他要来耶稣的身体，将其安葬在自己的坟墓中。根据传说，圣约瑟随后带着亚瑟王传说中的“圣杯”前往格拉斯顿伯里。当地人不为他的故事所动，于是他爬上威勒尔山，把一根据说属于耶稣的木杖插入地面，然后就睡着了。醒来时，他发现木杖已经生根发芽，变成了一棵荆棘树，后来这里成为国家的圣地，也是基督教在欧洲的起源地。这棵神树每年开花两次，一次在圣诞节，一次在复活节，这更加提升了它的神奇地位。

然而，随名气而来的是虐待和伤害。树上的很多树枝被人折走，树干布满了刀痕。英国内战期间，因被看成是魔力和迷信的遗迹，这棵树遭到摧毁。也许是因为树根重新发芽，或者有人把原来荆棘树的插枝种在原地，这棵树一直延续到了现代，成为异教徒的象征和新时代信仰的焦点。它越来越多地与女巫和巫术崇拜活动（非基督教徒在1954年发起的新宗教运动）联系在一起，一些当地人甚至担心它与撒旦教扯上关系。2010年，一名破坏分子用电锯砍倒了格拉斯顿伯里荆棘树。所幸的是，有人在附近种植了这棵树的树苗，它的象征意义和历史地位也得以留存下来。

乌荆子李

克罗地亚人的最爱

学名: *Prunus insititia*
科名: 蔷薇科

李属植物孕育了很多受欢迎的水果，比如樱桃、桃子和杏，唯有李子表现出最大的多样性。尽管经过了 2000 多年的栽培，李子的许多种类、亚种和品种的起源仍是个谜。即使到今天，有关乌荆子李的起源究竟是黑刺李和樱桃李的杂交品种，还是黑刺李的直属分支，仍存在争议。

在气候温暖的地区，李属植物中果实较大的栽培品种通常在晒干后作为西梅干出售；而在气候较寒冷地区，李属植物的果实往往较小，更适合烹饪或作为果酱保存。乌荆子李就属于后者。它原产于亚洲西南部，现在欧洲发现了它的各类野生变种。在美国独立战争爆发前，乌荆子李就被引进到北美洲。

乌荆子李在英国通常称为“damson”（戴姆森李），不过这个名称指的是特定品种。在诸如多塞特郡梅登堡等铁器时代遗址，考古学家发现了乌荆子李的果核化石。对于那些认为乌荆子李是罗马人引入英国的学者来说，这一考古发现令人震惊。不过，罗马人无疑对乌荆子李的种植和传播起到了促进作用。英国的乌荆子李具有极高的观赏价值。早春时节，树上开满了亮白色的花朵，随后结出深蓝色和紫色的小果，花也变成了暗白色。它们的生命力也很顽强，能抵御大风的侵袭。

一首古代打油诗讲述了乌荆子李缓慢的生长过程：“父辈种李树，儿辈享成果；若种乌荆子李，孙辈始尝鲜。”1575 年，英国作家伦纳德·马斯卡尔赞叹说，西洋李是最好吃的李子品种，并建议“待乌荆子李成熟时，采摘下来，放在太阳底下晒干或热的面包烤炉上烘干，便可以长期保存”。到了维多利亚时代，英国人从殖民地进口食糖，将李子做成果酱和水果甜点，这种食物风靡一时。在克罗地亚等斯拉夫国家，人们用乌荆子李酿造一种叫“斯利沃维茨”（Slivovitz）的白兰地酒。19 世纪，英国的一篇文献甚至称，“乌荆子李葡萄酒也许是英国唯一拿得出手的好东西”。

常见别名

威姆森李、大马士革李、西洋李

原产地

亚洲西南部

气候与生长环境

生长于温暖的温带气候区；适合开阔的林地、绿篱和耕地边缘以及阳光充足或阴凉的地方；喜各类土壤，尤其是中等碱性的重黏土

寿命

0～100 年

生长速度

每年生长 20～40 厘米

最大高度

米

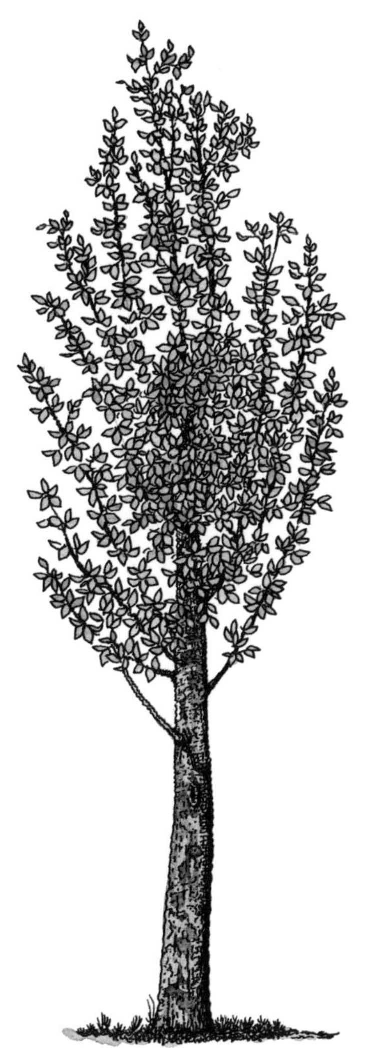

生的乌荆子李非常涩，最好用糖煮过再吃。

常见别名
印度杧果树

原产地
印度、缅甸、孟加拉国

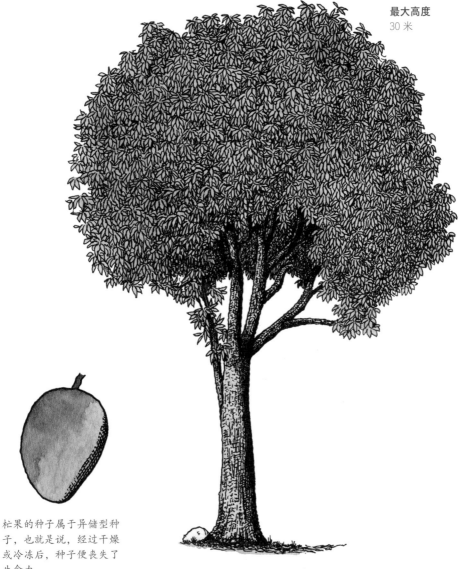

气候与生长环境
生长于亚热带气候区，适合肥沃的土壤

寿命
可长达 300 年

生长速度
每年生长 20～60 厘米

最大高度
30 米

杧果的种子属于异储型种子，也就是说，经过干燥或冷冻后，种子便丧失了生命力。

杧果树

腌制食品的代名词

学名：*Mangifera indica*
科名：漆树科

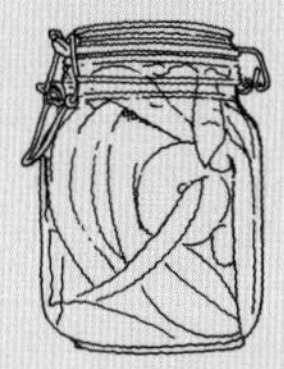

作为盛产于热带的美味水果，杧果被现代贸易和冷藏技术带到了世界各地。杧果是热带地区种植最广泛的水果之一，被一些人视为核果之王。别忘了，与腰果和开心果一样，杧果属于毒藤植物（*Toxicodendron radicans*），应尽量避免接触到杧果树的树液，因为它会对皮肤造成严重刺激。

杧果树原产于印度次大陆，杧果是印度和巴基斯坦的国果，杧果树是孟加拉国的国树。在印度，杧果树已有2000多年栽培历史；直到15世纪，葡萄牙的水手和商人才把它带到非洲和南美洲。杧果成熟时果肉极甜，但不适合长途运输，摘下来后应该尽快吃掉。因此，杧果起初都是以腌制食品进口到美国的。在18世纪的西方，腌制杧果非常流行，"杧果"几乎成为腌制食物的代名词，诸如甜椒等其他水果往往都被称为mango，"腌制杧果"也等同于"腌制水果"。如今，人们仍然喜欢用杧果腌制而成的食品和酸辣酱，但销量更大的是杧果酱、杧果汁和杧果冰激凌等甜食。

在文化方面，最让杧果远近闻名的也许是1962年那首卡利普索民谣《杧果树下》（*Underneath the Mango Tree*），它是詹姆斯·邦德电影《诺博士》的主题曲，由蒙蒂·诺曼作曲。表面上看，这首歌是乌苏拉·安德烈斯唱的，电影中，她从海里走上来，手里拿着海螺贝壳，身边挂着一把刀；实际上，它的原唱者是诺曼的妻子戴安娜·库普兰。

杧果树的树冠很宽，人可以站在树下乘凉，所以它是一种非常重要的行道树。传说有人赠送佛陀一片杧果林，让他可以在树荫下休息。与苹果树一样，世界各地已经根据本地气候特点研发并种植了数百种杧果树。

木棉树

玛雅人的神树

学名：*Ceiba pentandra*
科名：锦葵科

木棉树是世界上最神奇的树木之一。阿兹特克文化、玛雅文化和哥伦布时期的中美洲文化，都认为木棉树是连接天堂、人间和地狱的神树。这是一种托起世界的大树，树根直通冥界。根据特立尼达和多巴哥的民间传说，当地的森林深处，有一棵被称为“魔鬼城堡”的巨大木棉树。一位谦恭的木匠在树上挖出了七个房间，然后把死神巴兹尔引诱到房间里，死神便被终生囚禁其中。

木棉树原产于墨西哥、中美洲、南美洲北部、加勒比和西非热带地区。它是世界上最大的观花树木之一，高度通常在50米以上。其树根呈扁平状，根系由此延伸到树干，往上可长到10米或更高，往地下可延伸至20米深。树根支撑着这种令人惊叹的巨树，使其在浅层土壤中也能茁壮成长。木棉树的幼枝和树干表面有凸起的圆锥形刺，这是它最为显著的特征之一。这些独特的刺成为玛雅艺术中常见的符号，被描绘在陶瓷香炉和存放珍宝的容器上。许多骨灰盒的侧面都有木棉刺的雕像。

然而，木棉树之所以得名，是因为它的种荚会长出棉花似的茸毛。这种茸毛长在番茄状的长条形绿色果实中，包裹着种子，帮助种子随风飘散。木棉防水，且重量比棉花轻得多，通常被用作填充材料，如今很多情况下已被合成纤维取代。商用木棉树多种植在东南亚雨林中，尤其是在爪哇，因此木棉树也称为“爪哇木棉”。

木棉不仅是危地马拉的国树，还出现在赤道几内亚的国徽和国旗上。在塞拉利昂，对于逃到那里的奴隶来说，木棉树是自由的象征。

常见别名
爪哇木棉、吉贝

原产地
墨西哥、中美洲、南美洲、西非

气候与生长环境
生长于热带雨林；喜潮湿、排水良好、酸性至中性的肥沃壤土

寿命
可长达 500 年

生长速度
每年生长 0.5～4 米

最大高度
[illegible]0 米

木棉树的幼枝和树干上会长出圆锥形的刺。

常见别名
石栗、铁桐、油果、烛栗

原产地
亚洲热带地区

气候与生长环境
适应性很强的植物；虽然大部分生长于热带气候区但也适应了某些温和的温带气候区；通常生长在潮湿、排水良好、微酸性、不同肥力的土壤上

生的烛果有轻微毒性，但在印度尼西亚和马来西亚，人们会把烛果用于烹饪。

寿命
未知

生长速度
每年生长 0.3～1.5 米

最大高度
25 米

烛果树

夏威夷之光

学名: *Aleurites moluccana*
科名：大戟科

烛果树是大戟科植物中的优良树种，该科植物还包括橡胶树、蓖麻、乌桕树和一品红。大戟科是第五大有花植物科，无论在过去还是现在，都具有重要的经济价值。烛果树是一种大中型常绿树，树叶呈独特的橄榄绿和银色，形状多变，但一般都长得像枫树。它可能原产于亚洲的印度-马来亚地区，但我们无法确定其真正的原始栖息地。唯一能肯定的是，在赤道以北和以南的热带地区，它被人类广泛种植。

夏威夷人最喜爱烛果树，它在那里肆意生长，被当地人称为“库奎树”（*Kukui*）。将烛果树引进夏威夷的可能是第一批波利尼西亚定居者。1959 年，当夏威夷成为美国第五十个州时，烛果树因其在该岛居民心中的崇高地位而被定为州树。

烛果树以其果实闻名，烛果看起来有点像猕猴桃，实际上它是一种荚果，每颗果实都含有两粒种子，或者说坚果。它的用处极大，但不能吃，至少不能生吃。除非煮熟，否则有毒。烛果的用处在于照明，把干燥后的坚果穿起来，点燃后可燃烧 15 分钟，因而被用作时间的度量单位。从其种子中提取出来的油用途广泛，可保护棉铃不受害虫攻击，还可用来制作泻药、防水纸，为夏威夷著名的冲浪板上漆，以及制作肥皂和油漆。

渔民赋予烛果最具创新性的用途。他们将坚果嚼成油性糊状物，然后吐到海里，以打破海水的表面张力，减少阳光反射，使他们能够更清楚地看到水下的鱼。不过，烛果树最重要的用途也许是制作夏威夷的传统花环。夏威夷人将烛果树的白色花朵、硕大的叶子和种子穿起来，做成串珠项链。按照传统，当游客到达或离开夏威夷时，当地人便把它们赠送给游客，作为友谊的象征。

肉豆蔻树

肉豆寇战争

学名：*Myristica fragrans*
科名：肉豆蔻科

肉豆蔻树给了我们两种常用的香料。首先是肉豆蔻，它具有坚果般浓郁的香气；其次是使用较少的肉豆蔻干皮，它与肉豆蔻有相似的特点，但气味相对淡一些。印度尼西亚东部班达群岛上的土著居民，把肉豆蔻和丁香树叶混合使用。在19世纪之前，全世界只有这些岛屿出产这三种高价值香料，班达群岛因此也被称为“香料群岛”。

肉豆蔻和肉豆蔻干皮可入药，因而在古代备受重视，在亚洲各地都有交易。印度吠陀经文推荐用肉豆蔻治疗口臭、头痛和发烧。阿拉伯文化把肉豆蔻视为一种催情药。而在伊丽莎白时代的英国，肉豆蔻被认为是治疗黑死病的良药。因此，在17世纪，肉豆蔻的价值超过同等重量的黄金。

阿拉伯商人把肉豆蔻和肉豆蔻干皮带到了欧洲，尽管成本很高，但它们仍被广泛用于医药和烹饪。商人们成功地隐藏了这些香料的真正来源，直至1497年，葡萄牙探险家达·伽马绕过好望角，打破了阿拉伯人在香料贸易中的垄断地位。荷兰战胜葡萄牙后，获得了香料群岛的控制权，垄断了香料贸易，并以暴力手段捍卫这些权利。为了涉足香料贸易，英国人相对和平地从荷兰人手中接管了鲁恩岛，这导致英国和荷兰之间发生了一系列战争，战争一直持续到1674年。荷兰用新尼德兰换回了鲁恩岛，而新尼德兰就是如今广为人知的纽约。

肉豆蔻树是一种非常漂亮的常青树，果实呈黄色，梨形。果实成熟时会裂开，露出颜色鲜艳的种子或深紫褐色的坚果，上面覆盖着不规则的鲜红色网状假种皮，那是某些种子才有的额外种皮。其种子或坚果通常被磨成肉豆蔻香料，而假种皮晒干后就变成了肉豆蔻干皮。

见别名

枸勒、班达核桃

产地

度尼西亚马鲁古省班达群岛

候与生长环境

长于潮湿的火山地区和低地

林

命

0 年

长速度

年生长 0.2~1 米

大高度

米

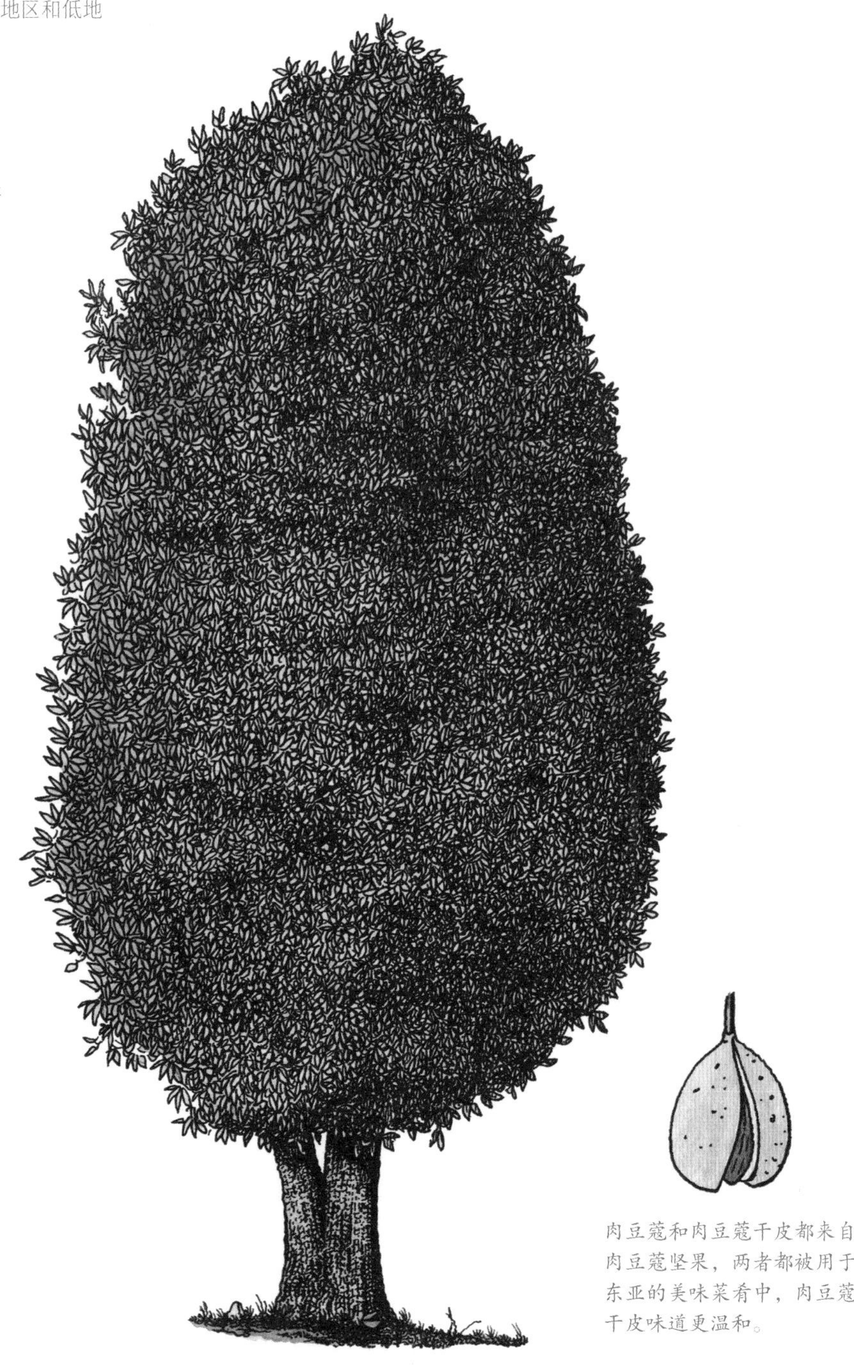

肉豆蔻和肉豆蔻干皮都来自肉豆蔻坚果，两者都被用于东亚的美味菜肴中，肉豆蔻干皮味道更温和。

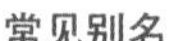

常见别名

梣叶槭、美国槭、羽叶槭、复叶槭

原产地

美国、加拿大

气候与生长环境

喜河岸或溪岸低地；常生长于荒地或受扰动的土地上；喜中性至中度酸性至碱性的潮湿土壤

寿命

可长达 100 年

生长速度

每年生长 15～60 厘米

最大高度

25 米

灰叶槭是梣叶槭的别名之一，因其复叶与灰叶槭相似。

梣叶槭

美洲土著的乐器

学名：*Acer negundo*
科名：无患子科

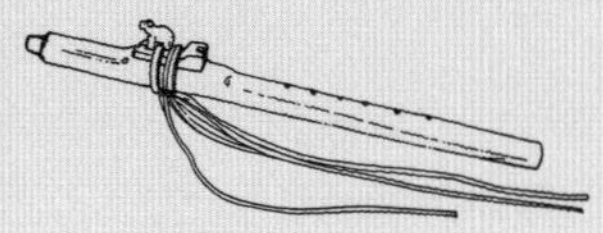

梣叶槭有很多叫法，其中最常见的就是白蜡槭。梣叶槭的木材颜色与黄杨木相似，但远没有黄杨木耐用。梣叶槭的叶子与接骨木的叶子相似。它是北美洲本土唯一有复叶的枫树，在许多地方，梣叶槭被视为杂树。

梣叶槭很难让人喜爱，这是不争的事实。它的生长速度很快，但寿命不长，其木材等级较低，如今主要用来制作纤维板纸浆。它往往容易遭受一种椿象（*Boisea trivittata*）的侵害。这是一种体长 1 厘米、带有红色边缘的黑色昆虫，它们非常聪明，但会散发出难闻的气味。秋天，这种椿象经常成群结队地飞入屋中，为即将到来的冬天寻找一个温暖的家。

然而，早在 18 世纪，绝大多数美洲土著部落很好地利用了分布范围横跨北美大陆的梣叶槭，而不是仅仅把它们用作烧火的木柴。有些部落把梣叶槭烧成木炭，在仪式上用木炭来绘画和文身。和糖枫一样，梣叶槭的树液中含有丰富的天然糖分，大多数部落都懂得切割树皮以提取树液来制作饮料、药物、糖浆和结晶糖。由于梣叶槭幼枝的芯木含有髓心组织，非常柔软，所以很容易切除。把树枝挖空后，便可做成管子、风箱和笛子。据考证，梣叶槭是阿那萨齐（Anasazi）长笛的制作材料，这些乐器的历史可追溯到公元 620—670 年。它的音阶能跨越一个半八度，音调温暖而丰富。1931 年，美国亚利桑那州的一次考古挖掘，完好无损地出土了这种古代普韦布洛印第安人乐器。

梣叶槭有许多富有装饰性的品种，多年来人们选择用它们来装饰公园和花园。其中包括来自美国加利福尼亚的一个亚种，其雄树会开出艳丽的粉红色花朵，花朵有下垂的穗状花序。也有很多品种长着斑斓或金色的叶子。最近，有一种梣叶槭被命名为“冬季闪电”，它有亮黄的叶子和金色的幼茎，经过修剪，可以装点冬季的花园。

柠檬树

酸中带甜的解渴饮品

学名: *Citrus* × *limon*
科名：芸香科

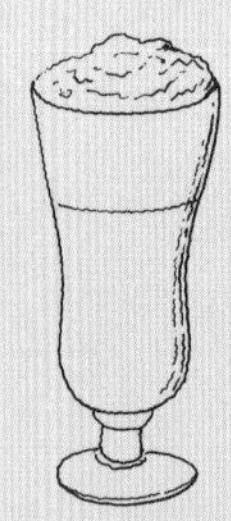

尽管人类种植柑橘类水果已经有4000年历史，但个别柑橘种类、柑橘杂交品种的起源和分类仍然存在争议。随处可见的柠檬就是一个典型的例子。中国研究人员最近的基因研究表明，柠檬的亲本是香橼（*Citrus medica*) 和酸橙（*Citrus* × *aurantium*），这两种植物都来自东南亚。这项最新研究成果为柠檬的人工栽培起源提供了证据。

与许多树种一样，在柠檬树的传播中，丝绸之路起着重要作用。古罗马艺术家把柠檬的形象刻画在古罗马的镶嵌画和壁画上，其灵感可能源自罗马与邻近中东国家的水果贸易。首次记载柠檬树的书面证据可以追溯到10世纪初，库图斯·阿尔-鲁米在以农耕为主题的阿拉伯语论文中，对当时的农业创新提出了独到见解。11世纪初，波斯诗人、哲学家及旅行家纳斯尔·伊本·霍斯鲁称，埃及人喜欢喝一种叫作卡什卡布（kashkab）的柑橘饮料。这种饮料可视为最早的柠檬汽水，它由发酵过的大麦、薄荷、黑胡椒和香橼叶组成。后来，开罗的犹太人社区大量生产和出口他们钟爱的饮品“卡塔米扎特”（qatarmizat），这种饮品用糖和柠檬汁制成。到了17世纪，柠檬汽水（由柠檬汁、气泡水和蜂蜜组成，即后来“压榨柠檬水”的前身）开始在巴黎变得十分流行和时髦，以至于制造柠檬汽水的商家成立了一个联盟，即“柠檬汽水公司”。

柠檬树的花蕾呈红色，开花后变成白色，花背面呈淡紫红色。它是庭院种植者的钟爱之选，但在某些地方，种植柠檬树与其说靠技术，不如说寄望于天气。柑橘类植物很耐寒。到了冬季，如果把小棵的柠檬树移入室内，则可以将其作为观赏植物种植。

最后，我们用20世纪50年代哈里·贝拉方特的热门歌曲《柠檬树》做总结:“柠檬树很美丽，花朵很甜蜜，酸酸的果实却不能吃。”

常见别名
西柠檬、洋柠檬

原产地
东南亚

气候与生长环境
生长于热带、亚热带和温和的温带气候区；喜潮湿、排水良好的中性至碱性土壤

寿命
通常 50 年

生长速度
年生长 10~60 厘米

最大高度
米

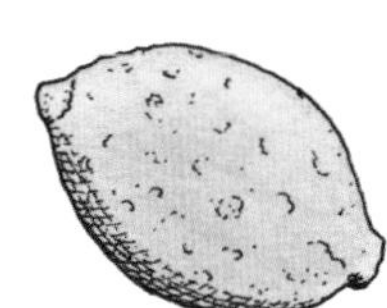

柠檬树是常绿树，果期较长。一棵成树一年能结出 270 千克果实。

常见别名

无

原产地

新西兰

气候与生长环境

生长于受周期性火山扰动影响的亚热带和温带气候混交林中；喜酸性至中性、适度肥沃的干土和湿土

寿命

通常可长达 1000 年

桃柘罗汉松的种子肉质多汁，秋天变红。鸟儿吞食种子后排泄出来，起到了散播种子的作用。

生长速度

每年生长 25 厘米

最大高度

30 米

桃柘罗汉松

毛利人的遗产

学名：*Podocarpus totara*
科名：罗汉松科

桃柘罗汉松是一种顶部有树冠的松柏植物，生长于新西兰北岛和南岛的热带雨林中，在新西兰北部，桃柘罗汉松更为常见。它是史前时代存在至今的古老树种。在 6500 多万年的时间里，它的鳞片状针叶已经进化成为扁平、宽阔、绿棕色的叶子，摸起来又硬又刺手。这种适应性使其能够与最终主导景观且进化程度更高的开花植物竞争，是桃柘罗汉松能够存活下来的关键。

800 年前，毛利人从遥远的南太平洋诸岛首次抵达新西兰。他们认为桃柘罗汉松优于当地其他树种，主要是因为它的木材经久耐用、抗腐蚀且纹理直，非常适合制作勺子和其他工具。桃柘罗汉松属于耐寒植物，几乎适合任何类型的土壤，而且是毛利人制作“瓦卡”（waka）独木舟的完美材料。瓦卡独木舟小至几米长，可用于捕捞垂钓；大至可装载 100 名战士，即所谓的“毛利战船”。令人惊讶的是，毛利独木舟无论大小，绝大多数都是由一整棵挖空的桃柘罗汉松制成的。桃柘罗汉松的另一个用途是制作“怀卡罗”（whakairo）木雕。据说这是一种传统圣像雕刻艺术，雕像栩栩如生，刻画出了它们所代表人物的性格特征。彩虹之神“特乌努库”（Te Uenuku）就是一尊很有代表性的早期毛利木雕作品，该木雕完成于公元 1200 年和 1500 年之间。

桃柘罗汉松之所以抗腐蚀，是因为其心材含有一种叫“桃柁酚”的化学物质。毛利人利用桃柘罗汉松的抗菌特性治疗发烧、哮喘和咳嗽。尽管它目前的用途仅限于制造化妆品，但其特性值得现代科研人员关注。遗憾的是，欧洲殖民者（毛利人称之为“外邦人”，即 Pākehā）来到新西兰后，砍伐了大部分桃柘罗汉松，用于建造房屋或栅栏，把广阔的土地围起来进行耕种。如今，桃柘罗汉松受到了保护，只有枯死的木材才能使用。据说，至少有一棵桃柘罗汉松的树龄超过了 1800 年。这就是“珀瓦卡尼”（Pouakani），现存最古老的桃柘罗汉松。它粗壮的树干令人过目难忘，树表面有深深的裂缝，错综复杂的根系裸露于地面。火山爆发时，正是这些树根使其屹立不倒。

驱疝花楸

国王的弩

学名: *Sorbus torminalis*
科名：蔷薇科

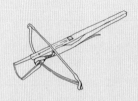

尽管驱疝花楸广泛分布于欧洲、非洲部分地区和伊朗北部，但由于受到森林管理方式变化和梨火疫病的威胁，驱疝花楸变得越来越稀少。作为木材的来源，这种树曾在英格兰和威尔士很常见，其果实是新石器时代人类的重要食物，而现在它只出现在古老的林地，如专供皇家狩猎的森林。关于它存在的早期证据仅限于植物考古学，例如，在英国坎布里亚郡的兰德西森林中发现的8000年前的驱疝花楸花粉，以及在多塞特郡铁器时代的山岗堡垒梅登堡遗址中发现的驱疝花楸木炭。很长一段时间以后，驱疝花楸才出现在中世纪的拉丁语档案中。公元1260年的一份文件称，有人把两棵驱疝花楸从埃塞克斯郡的哈弗林公园带到伦敦城堡，为亨利三世国王制作十字弓。由于纹理细致，密度大和富有弹性，野果花楸木也被用于制造从乐器到酒榨机的螺钉等民用物件。

在英国，驱疝花楸的别名叫“跳棋树”，它的果实被称为“跳棋”。其拉丁语名字中的*torminalis*意为“可用于治疗疝气”。花楸果较小，呈圆形或梨形，红褐色，有斑点，经常被用来酿酒或给酒调味。英格兰和威尔士的许多酒吧取名“跳棋”，就是因为驱疝花楸。时至今日，英国很多酒吧和小酒馆还挂着与众不同的黑白色跳棋棋盘。不过在大多数情况下，人们已无从得知该名称的来源和含义。花楸果起初是酸的，经过秋天的霜冻软化后成熟变甜，这时的果实人和鸟都爱吃。过去，人们把花楸果整把摘下来，挂在灶台边，等它慢慢成熟。它的味道类似杏干，口感软糯香甜，既可以成串直接吃，也可以用来制作甜点。

驱疝花楸本身具有很高的观赏价值。每年5月份树上盛开着白色的花朵，秋天叶子变成火热的铜红色，形状类似于枫叶，是一种深受飞蛾幼虫喜欢的食物。

常见别名
驱疝木、野果花楸树、跳棋树

原产地
欧洲大部分地区、地中海东部地区、北非、高加索地区

气候与生长环境
生长于开阔的橡树林或白蜡树林边缘，喜充足的阳光、黏土或石灰土，耐旱耐涝

寿命
至少 100 年

生长速度
每年生长 10～25 厘米

最大高度
5 米

驱疝花楸雌雄同株，所以每朵花里都有雄蕊和雌蕊。

常见别名
可可椰子、椰树

原产地
东南亚、印度南部、斯里兰卡、马尔代夫、拉克沙群岛（印度）

气候与生长环境
生长于阳光充足的热带和亚热带沿海地区，偶尔出现在内陆和冲积平原上

寿命
可长达 100 年

生长速度
每年生长 30～90 厘米

最大高度
30 米

椰子可以在海洋中漂流很远的距离，最后到达陆地生根发芽。

椰子树

千种用途之树

学名：*Cocos nucifera*
科名：棕榈科

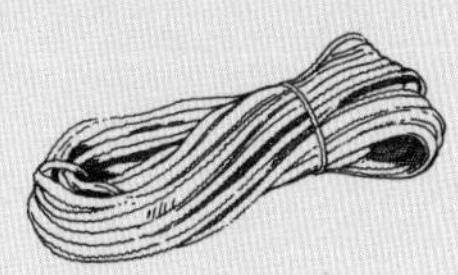

在整个热带地区，椰子树主要是一种商业树种。然而，对于生活在世界其他地方的人来说，椰子树是浪漫的象征，代表着远方充满异国情调的海滩，能使人立即联想起纯洁的白色沙滩和温暖的蓝绿色海洋。

椰子树的起源一直存在争议，因为数千年来，椰子树的传播和种植依靠洋流和人力。最近，有人对椰子树进行了 DNA 分析，结果显示：椰子树的两个早期种植地区分别为太平洋盆地和印度-大西洋盆地，前者从东南亚向东延伸，而后者从印度南部、斯里兰卡、马尔代夫和印度西南沿海的拉克沙群岛向西延伸。

在人类手里，椰子树可谓物尽其用。首先，椰子（从植物学角度来讲，椰子不是坚果，而是核果）是完美的水源和食物来源，且便于携带，这也是椰子最重要的用途。椰子壳可以用作燃料。椰子纤维可制成椰棕，用来编绳子、做棕榈垫和铺地板，还可为植物提供盆栽介质。椰树叶和树干可以用于建筑，而含糖的树液可以发酵成酒精饮料。椰子花是一种可煮食的蔬菜，花朵中间叶状的蓓蕾同样可以食用，但摘掉花蕾后，椰子树会枯死。椰子树的木髓可以制成面包，或加入汤和其他菜肴中，树根经过烘焙可制成类似咖啡的饮料。

因此，马来西亚人把椰子树称作“千种用途之树”（pokok seribu guna）也就不足为奇了。欧洲人也认识到椰子树的价值，意大利商人兼探险家马可·波罗于 1280 年首次将其命名为“印度坚果”。“椰子”（coconut）一词据说起源于西班牙和葡萄牙探险家们，他们把这种“坚果”称为“El Coco”，这是他们文化中一种神秘的多毛怪物。

如今，世界各地对椰子的需求越来越大，尤其是食品和化妆品行业。椰子树能够适应沿海环境，并且具有耐干旱的特点，所以在气候温暖、没有霜冻期的地区，椰子树被广泛用于装饰街道和美化园林。

小粒咖啡树

提神醒脑之树

学名: *Coffea arabica*
科名: 茜草科

大约 600 年前，小粒咖啡树只是埃塞俄比亚山林里的一种下层树木。如今，它和其他咖啡树种已成为世界上最重要的经济树种，在国际植物源性产品贸易中，其重要性仅次于原油。

作为世界上最受欢迎的饮料，咖啡的发现充满了传奇色彩。流行最广的传说与埃塞俄比亚的牧羊人卡尔迪（Kaldi）有关。据说，卡尔迪看到自己的山羊吃过某些红色浆果后异常兴奋，于是亲自品尝了几粒，顿感活力充沛。一名僧侣观察到卡尔迪的反应，出于好奇，他想更深入地了解这种浆果，于是也吃了一些。回到修道院后，他度过了一个不眠之夜。这种浆果能够提神醒脑的消息立刻传播开来。

有证据表明，在 15 世纪的阿拉伯半岛的部分地区，即如今的也门，人类首次开始煮咖啡豆，并制作一种名为“咖瓦”（gahwa）的饮料，即“能够防止瞌睡的东西”。始于阿拉伯半岛的咖啡种植和随后的咖啡贸易使咖啡在波斯、埃及、叙利亚和土耳其广为人知。1475 年，世界第一家咖啡店“吉瓦汗”（Kiva Han）在君士坦丁堡（如今的伊斯坦布尔）开业。早期的咖啡馆被称为“智者的学校”，因为那里是人们交流见闻、思想和文化的重要场所。世界各地的穆斯林每年都要前往麦加朝圣，这有助于咖啡的早期传播。1511 年，麦加总督卡伊尔贝（Kha’ir Bey）做出了查禁咖啡的不明智举动，但苏丹宣布咖啡是神圣的。次年，苏丹以侵吞公款之名处决了总督。

咖啡树生长在高海拔、无霜、气候湿润的热带和亚热带地区，这些地区旱季短、土壤深厚、排水良好。5 年到 10 年树龄的咖啡树生产的咖啡豆质量最佳。在所有咖啡豆品种中，小粒咖啡豆被认为是质量最好的，占世界咖啡豆总产量的一半以上，其余大部分都是中粒咖啡豆（*Coffea canephora*）。人们认为，咖啡树中高浓度的咖啡因可以驱赶害虫。最近的一项研究表明，授粉昆虫飞到带有甜味的白色咖啡花上面时，可能会像人类一样迷上咖啡因。这也许说明，咖啡因是咖啡树的一种进化特性，它鼓励这些有益的昆虫回来授粉。

常见别名

小果咖啡树、阿拉伯咖啡树、阿拉比卡咖啡树

原产地

埃塞俄比亚和南苏丹

气候与生长环境

生长于热带气候、海拔 600～700 米的潮湿的常绿阔叶林中；喜略带酸性的肥沃土壤

寿命

至少 100 年

生长速度

每年生长 10～30 厘米

最大高度

3 米

包裹着咖啡豆的红色果肉富含抗氧化剂，并越来越多地用于保健品中。

北美枫香树的叶子像枫树叶，秋天时变成火红色。

常见别名

胶皮糖香树、红胶树、星叶胶树、鳄鱼木

原产地

美国

气候与生长环境

生长于温暖的温带气候；常出现在低洼地区；喜潮湿、肥沃的土壤

寿命

可长达 400 年

生长速度

每年生长 15～60 厘米

最大高度

30 米

北美枫香树

液体琥珀

学名：*Liquidambar styraciflua*
科名：蕈树科

北美枫香树也被称为红胶树、星叶胶树、鳄鱼木或胶皮糖香树，原产于美国东部。每年秋季，它那独特的星形树叶从暗绿色变成黄色，再从黄色变成金色、深橘色、火红色，最终变成深紫色，然后才不情愿地从树上落下，此时其他树木都已经光秃秃了。

北美枫香树的树皮有褶皱，粗糙而有鳞，因此得名“鳄鱼木”。然而，这棵树最出名的是它的种荚，有时被称为“口香糖球”（gumballs）。事实上，它的属名“*Liquidambar*”是在 1753 年由瑞典植物分类学之父卡尔·林奈命名的。该名称由两个拉丁词语组成，分别是 *liquidus*（液体）和 *ambar*（琥珀），暗指其渗出的芬芳树胶。它的种名 *styraciflua* 是一个旧称，意为“富含香脂”，是枫香树胶的另一个说法。

第一次提到北美枫香树树胶用途的人是西班牙征服者胡安·德·格里哈尔瓦。格里哈瓦尔探索了墨西哥海岸，并代表西班牙征服和统治古巴。1517 年，格里哈尔瓦在信中提及与玛雅人交换礼物的事情。玛雅人喜欢用枫香树脂做药，他们赠送给西班牙探险家们一些空心芦苇，里面装满了草药和一种气味芬芳的琥珀色液体，把芦苇点燃并吸上几口，它就会散发出令人愉悦的香味。

欧洲人很快就知道了美丽的北美枫香树及其用途。1681 年，约翰·巴普蒂斯特·巴尼斯特把北美枫香树引入英格兰。巴尼斯特是一位传教士和博物学家，被时任伦敦主教的亨利·康普顿派往归其管辖的北美殖民地传教。康普顿主教喜欢研究树木，他把北美枫香树种在自己位于伦敦西南部富勒姆的宅邸中。

在美国，枫香木是第二大商用木材，仅次于橡树。美国人喜欢用它制作地板、家具、橱柜和用作饰面的饰板，以及篮子、桶、碗和盒子。

苏格兰松

苏格兰之美

学名：*Pinus sylvestris*
科名：松科

苏格兰松是分布最广的松树树种。全世界大约125种松树中的绝大多数出现在北半球，横跨欧洲和亚洲北部，但也有少数松树生长在赤道附近。苏格兰松可以说是最有用的，也是最美丽的松树之一。它最可爱的特征之一是树皮的颜色，幼树的树皮呈暗灰棕色，成年后则呈橘色，甚至连灰色的细枝也有变成赤褐色的趋势。

长期以来，它在苏格兰一直备受重视。数千年前，不列颠群岛被松林所覆盖，幸存至今的唯有苏格兰松。冰河时代冰盖最厚的末次冰盛期结束后，苏格兰松开始广泛传播，于9000年前从法国传播到英格兰，几百年后从斯堪的纳维亚或爱尔兰传到苏格兰。随着气候变暖，不列颠群岛大部分地区的苏格兰松都灭绝了，如今已成为自然遗迹，只存在于苏格兰峡谷、山谷以及加里东森林中。根据英国的生物多样性行动计划，苏格兰森林已被列为优先保护的自然环境。

苏格兰松多数生长在酸性和贫瘠的沙质土壤中，通常与白桦树一起生长。这些混交林中有很多独特的动物，包括松貂、野猫、红松鼠、松鸡、冠山雀、苏格兰交嘴雀、苏格兰林蚁和兰诺克尺蛾，这些动物物种很难在南方的森林中看到。

苏格兰松木是一种结实的软木材，被广泛用于建筑业，以及用来制作栅栏、门柱和电线杆。曾几何时，这种木材还被用作煤矿坑道支柱。人们还用苏格兰松的树脂来制作松节油，它的内层树皮可以用来编绳子。它干燥的松果是极佳的引火材料。

莎士比亚的《理查德二世》和著名作家兼园艺家约翰·伊夫林[1]的《森林志》（*Sylva, or A Discourse of Forest-Trees and the Propagation of Timber in His Majesty's Dominions*，1662年出版）中曾提到，苏格兰松由富有的地主种植，据说詹姆斯二世党人的支持者通过种植苏格兰松来表明对他们自身事业的忠诚。

1　约翰·伊夫林（John Evelyn，1620—1706），英国作家，英国皇家学会的创始人之一，曾撰写过有关美术、林学、宗教等著作30余部。——编者注

常见别名
欧洲赤松、海拉尔松、蒙古赤松、樟子松

原产地
欧亚大陆

气候与生长环境
生长于温带气候区；喜排水良好、偏沙质的酸性土壤

寿命
通常可长达 300 年，有些苏格兰松的寿命据说超过了 750 年

生长速度
每年生长 20～50 厘米

最大高度
0 米

如同大多数针叶树一样，苏格兰松靠风授粉。雌花结出的球果要两年时间才能成熟。

常见别名

南欧紫荆、欧洲紫荆

原产地

南欧、亚洲西南部

气候与生长环境

生长于温带气候区；喜排水良好的土壤

寿命

可长达 300 年

生长速度

每年生长 10～20 厘米

最大高度

12 米

每年 3 月至 5 月，犹大树开出艳丽的粉色鲜花，随后树枝上结出深紫色豆荚。

犹大树

血树

学名：*Cercis siliquastrum*
科名：豆科

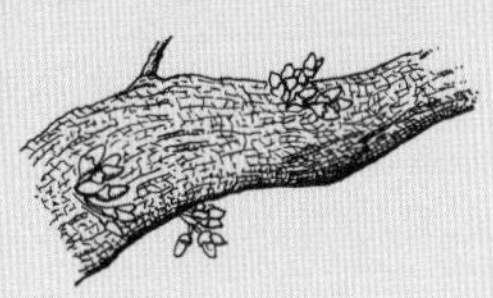

犹大树是南欧紫荆的别名，因为相传犹大自缢于此树上，但几乎没有任何证据能够证明此事的真伪。就算《使徒行传》的内容可信，它也并未记载犹大吊死在哪种树上。根据《圣经》的这卷内容，一个无名之徒背叛了耶稣，用 30 枚赏银买了一块田，“以后身子仆倒，肚腹崩裂，肠子都流出来”。

关于这棵树的传说仍然流传下来。犹大树喜欢干燥的气候，原产于西班牙、法国南部、意大利、保加利亚、希腊和土耳其。其体形很小，树干细小，树冠较宽大。早春时节，还没等长出叶子，树上就挂满了紫粉色的花朵。作为树中珍宝，犹大树在不列颠群岛已有 300 多年的种植历史，一些古老稀有的树木只能在剑桥大学植物园里看到。犹大树属于豆科植物，与大多数近亲一样，它的种子长在豆荚中。豆荚通常颜色鲜艳，一直长到秋冬，就算树叶掉光了，它们仍挂在树枝上。犹大树的花可以搭配沙拉食用。在 16 世纪和 17 世纪的草药药方中，会经常出现犹大树的身影，但如今很少有人用它做草药了。

犹大树这个名称可能源自法语 arbre de Judée，即“犹地亚之树”，从这个名称可以看出，人们曾经认为南欧紫荆原产于犹地亚。如今，人们仍然坚信加略人犹大在一棵南欧紫荆树上自缢，而这棵树位于耶路撒冷老城外欣嫩谷（Valley of Hinnom）一个叫“阿克尔达玛”（Hakeldama，意为“流血之地”）的地方。犹大树名称的另一个起源来自其树干上的花朵，这些花朵往往直接长在树干上，仿佛树渗出血液，可能正因为如此，人们把它视为犹大在树上自杀的象征。

犹大树有很多变种，最常见的是开白花的紫荆树，这种树特别漂亮。1972 年，白花紫荆树在参加展览时获得了英国皇家园艺学会颁发的优胜奖。还有一个变种叫“博德南特紫荆树”，以北威尔士的一座花园命名，人们在该花园中首次发现了这一树种。博德南特紫荆树特别好看，有深紫红色的花朵和酱紫色的种子荚。

碧根果树

伊利诺伊坚果树

学名：*Carya illinoinensis*
科名：胡桃科

碧根果树与美国历史深深地交织在一起，它备受美国开国元勋的喜爱。乔治·华盛顿是美国首任总统，同时也是一位伟大的园艺师和造园师。有人曾送给他一袋碧根果，他把碧根果种子种在位于弗吉尼亚州的弗农山庄里，种子成功地生根发芽。那袋碧根果的赠送者正是《独立宣言》的主要作者、美国第三任总统托马斯·杰斐逊。杰斐逊在他弗吉尼亚州蒙蒂塞洛的果园里种了几棵碧根果树，他和华盛顿都称其为“伊利诺伊坚果树”。

碧根果树是胡桃科大型落叶乔木，原产于美国南部和墨西哥。它与胡桃树是近亲，以至于西班牙殖民者在16世纪将碧根果树引入欧洲、非洲和亚洲时，把它们称为“las nuez”（即“胡桃树”之意）。在欧洲人殖民美洲之前，碧根果是当地土著人以物易物的一般等价物，同时也是他们的营养食品。碧根果树的坚果至少可以保存一季，这是一个了不起的优点，因为碧根果树不会每年都有好收成。

作为经济作物之一，碧根果树从19世纪80年代开始在美国经济中发挥重要作用。如今，全世界碧根果年产量超过了13.5万吨，墨西哥和美国新墨西哥州、佐治亚州、得克萨斯州的产量大致相当。在很大程度上，现代无性繁殖品种必须要克服自然品种一年两熟的特性，提供换季时能够彼此兼容的克隆配对。

碧根果树是得克萨斯州的州树，而该州的山姆萨巴镇（San Saba）号称“碧根果之都”。美国南部几个州的城镇每年举办一次活动，庆祝碧根果丰收。碧根果树还有其他用途。其木材纹理细密，家具和地板制造对其有很大需求。在北美洲某些气候炎热的地区，碧根果树提供了宜人的荫凉。而且，碧根果的坚果是做馅饼的绝佳馅料，这也许是它最重要的用途。

见别名

国山核桃

产地

国、墨西哥

候与生长环境

长于亚热带至温带气候区；

排水良好和潮湿的肥沃土壤

命

长达 300 年

长速度

年生长 30～60 厘米

大高度

米

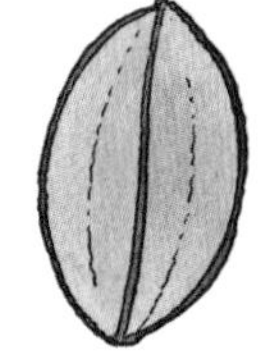

碧根果长在核果内，未成熟时核果呈绿色。碧根果是世界上最有营养的坚果之一，含19种矿物质和多种维生素。

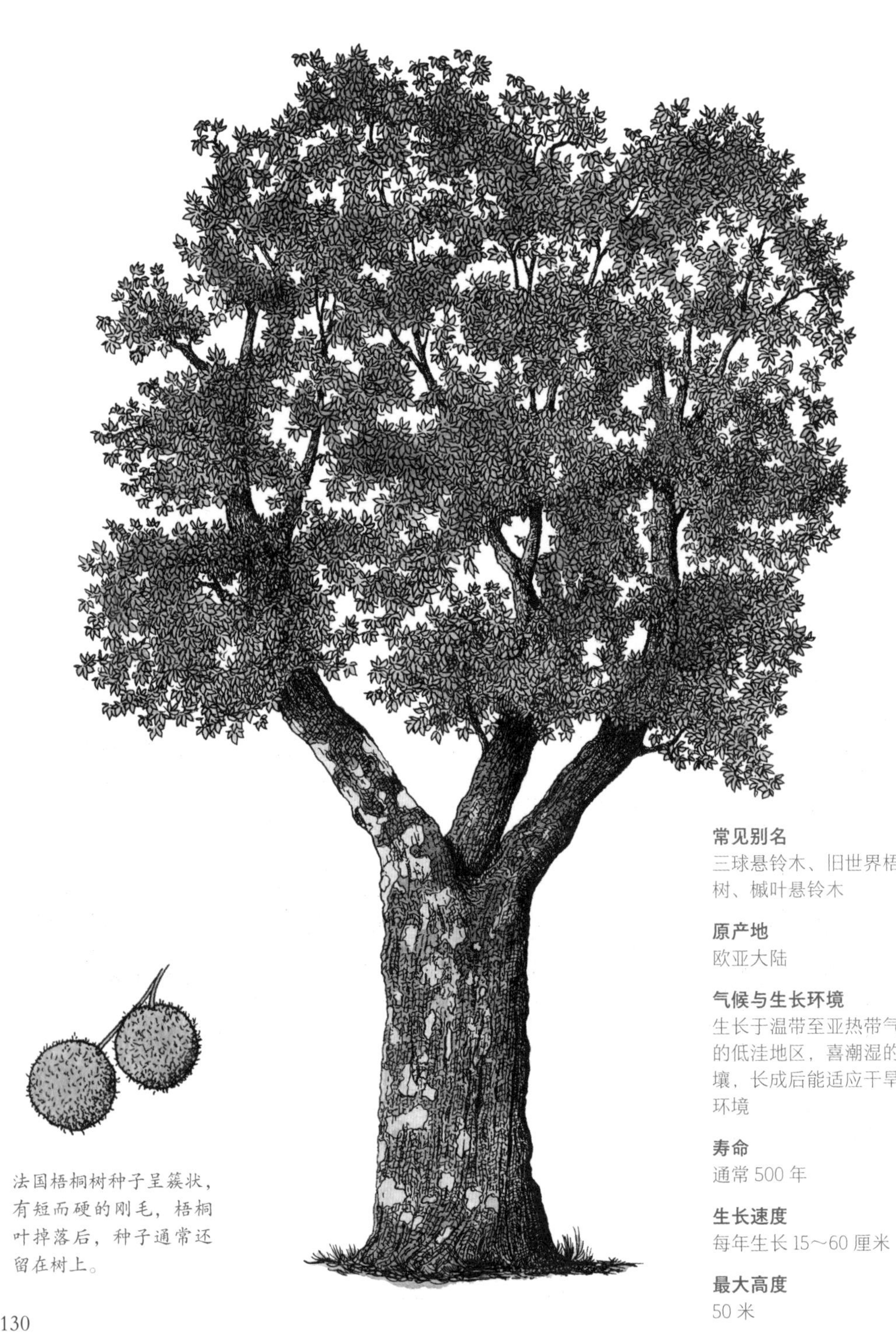

法国梧桐树种子呈簇状，有短而硬的刚毛，梧桐叶掉落后，种子通常还留在树上。

常见别名

三球悬铃木、旧世界梧桐树、槭叶悬铃木

原产地

欧亚大陆

气候与生长环境

生长于温带至亚热带气候的低洼地区，喜潮湿的土壤，长成后能适应干旱的环境

寿命

通常 500 年

生长速度

每年生长 15～60 厘米

最大高度

50 米

法国梧桐树

士兵的遮阳树

学名：*Platanus orientalis*
科名：悬铃木科

法国梧桐树是悬铃木科中独有的树种，其品种不多，大多原产于北美。法国梧桐树体形高大，高度在30米至50米。北半球有两个主要的悬铃木品种：北美最常见的品种叫“一球悬铃木”（*P. occidentalis*），令人困惑的是，人们把它称作“美洲梧桐”；另一个常见品种是三球悬铃木（*P. orientalis*），即法国梧桐树，原产于亚洲和欧洲，遍及巴尔干半岛至伊朗东部。在科斯岛上，希波克拉底曾在一棵法国梧桐树下教授医学，这棵树因此被称为“希波克拉底之树”。尽管有些种类的悬铃木适应较为干燥和污染较严重的环境，但它们还是最适合生长在湿地或河岸环境中，那里经常会出现桤木、柳树和杨树。法国梧桐树在波斯园林中的角色非常重要，通常被栽种在水边或林荫处。在希腊，法国梧桐树是受人青睐的遮阴树，其中许多树的树龄超过了500年。

最常见的梧桐树是一球悬铃木与三球悬铃木杂交的品种，通常被称为“英国梧桐”（*P.* × *acerifolia*，即二球悬铃木），据说最早于17世纪70年代初在牛津被发现。它生长迅速，具有优良杂交品种的健康与活力，能抵抗病虫害。在其家乡伦敦，英国梧桐是最常见的行道树之一，它能忍受污染的环境，吸收污染物质，甚至在受污染的环境中茁壮成长。当老旧树皮从树干上脱落时，树干就会出现黄色和橄榄色的斑块。

传说在18世纪后期，拿破仑下令在宽阔的大道两旁种植这种梧桐树，为他的行军队伍遮阳。无论传言是否真实，现在这些林荫道面临被拆除的威胁，因为很多司机开车撞上这些树，伤亡惨重。倘若这样，这些梧桐树的木材很可能被用来制作托盘、碗和装饰品。

英国橡树

英帝国缔造者

学名：*Quercus robur*
科名：壳斗科

没有什么树能像英国橡树这样，深植于英国人的民俗、传统、文化和历史当中。虽然此树并非英国或不列颠群岛所特有，但英国人非常喜爱，沉迷于它的美丽之中。它挺拔的身姿已经成为一种标志。绝大多数人都能一眼认出它来，不仅因为它那形状独特的叶子，还因为它鲜明的轮廓，即使在远处也清晰可辨。对许多人来说，在冬季黎明或黄昏红色天空的衬托下，看到橡树空枝的剪影，简直是一种视觉享受。用鲁德亚德·吉卜林的话说："在古老的英格兰，没有什么树比橡树、白蜡树和荆棘更伟大的了……"

在英国历史上，橡树拥有自己的一席之地。英国有 500 多家酒吧以"皇家橡树"（Royal Oak）命名，以纪念位于什罗普郡博斯科贝尔庄园附近的一棵橡树。1651 年，在伍斯特战役中，未来的查理二世国王大败而归，就躲在橡树上。如今，矗立在那里的橡树已有 300 年历史，是原来那棵树的后代，被称为"皇家橡树之子"。

维京人乘坐橡木船抵达英国 500 年后，英国的皇家森林，尤其是英格兰南部的新森林地区为英国军舰提供了木材，使英国人得以探索和殖民世界上大部分的地区，创造了历史上最大的帝国。亨利八世国王为了建造著名的"玛丽·露丝号"（Mary Rose）战船，下令砍伐大约600棵橡树。纳尔逊的旗舰"英国皇家海军胜利号"（HMS Victory）则用掉了5500棵橡树。而在此之前，1703 年的大风暴已经摧毁了约 4000 棵橡树，因此，英国森林的成熟橡树资源严重枯竭。不过，现在一些古树的树干上仍刻有向上的箭头，表明该树适合造船。

许多英国橡树的寿命都超过了 1000 年，为了保护这些古树，人们付出了巨大努力。据说，一棵橡树需要 300 年才能长成，之后 300 年继续生存，再过 300 年才会死去。即使在死后，它们仍然屹立不倒，如同宏伟的丰碑。

常见别名

夏栎、橡树、欧洲白栎

原产地

欧洲

气候与生长环境

生长于温带和亚热带气候区；喜潮湿的深层土壤；已生根的橡树不会被短期的洪水冲倒

寿命

至少 800 年

生长速度

每年生长 20～50 厘米

最大高度

0 米

英国橡树首次结出橡实的树龄为 25～40 年。

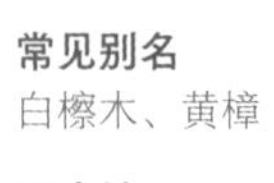

常见别名
白檫木、黄樟

原产地
北美洲东部

气候与生长环境
生长于温带和亚热带气候的开阔林地中；喜排水良好的沙质壤土

寿命
至少 150 年（通过腋芽无性繁殖）

生长速度
每年生长 30～60 厘米

最大高度
25 米

檫树叶子有三种不同形状，包括单瓣叶、双瓣叶和三瓣叶。三瓣叶最为常见。

檫树

根汁汽水树

学名：*Sassafras albidum*
科名：樟科

檫树原产于北美，分布在从加拿大安大略省、美国密歇根州到佛罗里达州、得克萨斯州的广大地区。数世纪以来，檫树对美洲土著居民来说一直很重要。它的木头被用来制作独木舟，它的叶子、树根和树皮可以用作食物和药物。据说，乔克托人率先在烹饪中使用檫树磨碎的干叶子作为调味品和增稠剂，这种习惯后来被卡真（Cajun）文化和克里奥尔（Creole）文化借鉴，用来烧制秋葵浓汤等菜肴。切罗基人（Cherokee）用檫树治疗伤口、退烧、治疗腹泻、缓解风湿、治疗感冒和排出肠道蠕虫。

根据传说，在发现新大陆的过程中，檫树扮演了重要角色。哥伦布可能在海洋上闻到了檫树香甜的柑橘气味，然后顺着这种气味发现了陆地。总体而言，早期欧洲探险家和殖民者能与美洲土著居民和平往来，并开始研究许多檫树的已知属性。1583 年，英国学者兼译者托马斯·哈里奥特写道，檫树是“一种气味宜人的木材，且医学价值极为罕见，可治疗多种疾病”。

名人的荐言加快了檫树传入英国的速度，此时恰逢梅毒暴发。在近代，人们普遍持有一个观点：在那些疾病肆虐的地方，上帝为每一种疾病准备了治疗方法。由于北美被视为梅毒的起源地，因此，檫树就成了治疗梅毒的良药（后来才发现，檫树完全无效）。除了药用和烹饪需求之外，檫木也被广泛用于建筑中，17 世纪初的大采伐热潮由此开启。随着檫树自然种群的减少，檫树贸易难免放缓。后来，作为根汁汽水等饮料的一种成分，檫树再次大受欢迎。但在 20 世纪，人们发现檫树根致癌。如今在使用檫树根之前，必须对其加以处理，以去除有毒的黄樟素油。

论及观赏性，檫树有很多优点。它的叶子很奇特，秋天时会变成充满活力的红色、黄色和橙色，形状从单瓣到三瓣（通常被描述为“手套状”树叶）不等。

日本白松

盆景之王

学名: *Pinus parviflora*
科名：松科

日本白松是日本园林的精髓。长久以来，日本人和中国人都把其视为长寿的象征。这可以理解，因为世界最长寿老人的纪录（117 岁）曾经由日本人保持，而现纪录保持者同样是日本人（撰写本书时，其年龄为 116 岁）。

原产于日本的松树主要有三种，分别为日本扭叶松（*Pinus thunbergii*）、日本赤松（*P. densiflora*）、日本白松（*P. parviflora*）。这三种松树都备受日本园艺师的尊崇，他们费尽心思地塑造它们的外形，并以近乎完美的状态将它们呈现出来，同时保留了由自然环境塑造而成的树冠。园艺师保留了白松的下层树枝，通常用支撑物小心支撑着树干。他们还采用上层疏伐法修剪枝条，去除一些松针簇，以控制其生长的方向，并打开树冠，让光线照射到树的所有部位。这是一种大型盆景，日本人称之为云修剪[1]，也叫“庭院树”（niwaki）。

在日本，日本白松与竹子和李树合称为“岁寒三友”。日本白松也是日本以外最受欢迎的观赏树种。它的针叶短而扭曲，往往呈浅蓝色，具有很强的装饰性。虽然成熟白松的树干直径可达 1 米，但该树种体形小于其他日本松树，生长速度也较慢，使其成为理想的盆景材料。在日语中，这种松树被称为“五针松”。美国华盛顿特区的国家盆栽和盆景博物馆保存了一棵日本白松，它是由日本盆栽大师胜山木于 1976 年赠送给美国的，作为纪念美国建国 200 周年的礼物。胜山木的家族世代居住在距 1945 年广岛原子弹爆炸中心仅 3 千米的地方，他和家人以及这棵日本白松都活了下来。据说他在介绍这棵日本白松时，没有提到这一点。这棵日本白松距今已有 400 年历史，依然存活。

1　云修剪（Cloud-pruning）是日本的一种将树木和灌木修剪成类似云状的园艺方法。据说这种方法可以修饰出一棵树的精华。——编者注

常见别名

日本五针松、郁陵岛白松

原产地

日本、韩国

气候与生长环境

生长于凉爽的海洋性气候和内陆气候区；极为耐寒；喜各种排水良好的土壤

寿命

至少 500 年

生长速度

每年生长 30~60 厘米

最大高度

5 米

日本白松的叶子呈针状，五根松针为一簇。种子可生吃或煮熟后食用。

常见别名
美国李、野生李

原产地
美国、加拿大

气候与生长环境
生长于温带至寒温带地区
喜阳光充足的肥沃土壤

寿命
长达 100 年

生长速度
每年生长 30～45 厘米

最大高度
8 米

美洲李的果实较小，皮厚肉甜，颜色多为黄色、红色、粉色或紫色。

美洲李树

美洲土著夏安人的待客佳品

学名：*Prunus americana*
科名：蔷薇科

美洲李树也被称为“野生李树”，是北美洲分布最广的李属植物。李属植物不仅包括李子树，还有樱桃树、杏树、扁桃树、桃子树和油桃树。加拿大李树（*P. nigra*）是美洲李树的近亲，在加拿大和美国，这两个品种共享同一栖息地。

首批定居北美洲的欧洲人高度重视美洲李树，并培育出许多变种——它们的果实有些是红色的，有些是黄色的，有些是甜的，有些则不那么甜。美洲李树可作为果树，也可作为观赏树，但在商业果园中不再种植。前人选择栽培的200种李树中，鲜有品种留存至今，它们已被欧洲李树（*P. domestica*）的变种所取代。

美洲李树体形较小，多刺，耐寒，适应各种土壤。早春时节，大量美丽的纯白色花朵在美洲李树无叶的嫩枝上迎着太阳盛开，吸引鸣禽和动物，给它们提供一个良好的环境。鹿喜欢啃食美洲李树鲜绿色的叶子，而对各种昆虫来说，美洲李树叶的汁液是有毒的。

早在欧洲移民到来之前，美洲土著居民就在自己的村子里种植美洲李树，果园随处可见。亚利桑那州和墨西哥的比马人和夏安人都很喜欢这种水果，它可以生食，晒干后的味道更佳，还可以用来做甜点。此外，印第安人还用美洲李治疗皮肤擦伤。如今，这种水果主要用于制作蜜饯和果冻。

虽然美洲李树可以长成乔木，但大多数情况下，它只是一种灌木，生长于浓密的灌木丛中。实际上，美洲李树为数不多的实际用途就是作为农场及其建筑物的防风林。经过定期砍伐或动物啃食之后，美洲李树就会形成一种自然剔枝的习惯。由于它会形成灌木丛，因而可用来防止水土流失，并经常用于恢复植被。

糖枫树

从树液到糖浆

学名: *Acer saccharum*
科名: 无患子科

糖枫树是典型的枫树，加拿大国旗上所绘的枫叶就来自这种树。糖枫树原产于加拿大和美国东北部，是当地最受欢迎的树种之一，纽约州、西弗吉尼亚州、威斯康星州和佛蒙特州都将糖枫树列为州树。此外，糖枫树还是全世界最具商业价值的枫树树种。所有大型树种都因其木材而有价值，但糖枫树及近亲黑糖枫树（*A. nigrum*）有着完全不同的重要性。

与碧根果仁和蓝莓一样，枫糖浆是美国最美味的食物之一。欧洲人初到北美洲时，当地的土著居民向他们展示了如何制作枫糖浆以及结晶糖。如今，加拿大生产的枫糖浆占全球产量的 70% 左右，而佛蒙特州是美国最大的枫糖浆产地。和橡胶一样，枫糖浆是通过在树上挖槽采集树液制成的。春季冰雪消融时，树液从树上流下来的速度最快。树液采集下来后，放入平底锅中加热，蒸发掉多余的水分，只留下黏稠的糖浆。知道枫糖浆为何这么贵吗？因为 50 升树液才能生产出大约 1 升纯枫糖浆。

并不只有人类喜欢糖枫树。糖枫树为白靴兔、白尾鹿、松鼠甚至驼鹿提供了丰富的食物，它们以糖枫树的花苞、种子、树枝和深绿色的叶子为食。糖枫树的商业价值不仅仅体现在枫糖浆上，其木材的价值也很高。2001 年，美国职业棒球大联盟球员贝瑞·邦兹把他常用的白蜡木球棒换成糖枫木球棒。那个赛季，他打出了创纪录的 73 次全垒打。

除了甜蜜的枫糖浆，在每年秋天，糖枫树还给人们呈现出美丽的风景。它的叶子从绿色变成黄色，再变成红色，最后变成棕色。这样的景观每年都会吸引成千上万的游客。约翰尼·默瑟为约瑟夫·科斯玛的乐曲《秋叶》(*Autumn Leaves*) 创作的歌词，如今仍像 70 多年前一样流行。

常见别名
岩枫、糖槭

原产地
美国、加拿大

气候与生长环境
生长于凉爽的气候中，喜潮湿肥沃的土壤

寿命
长达 400 年

生长速度
每年生长 30～60 厘米

最大高度
0 米

糖枫树叶形状非常独特，是加拿大的标志。

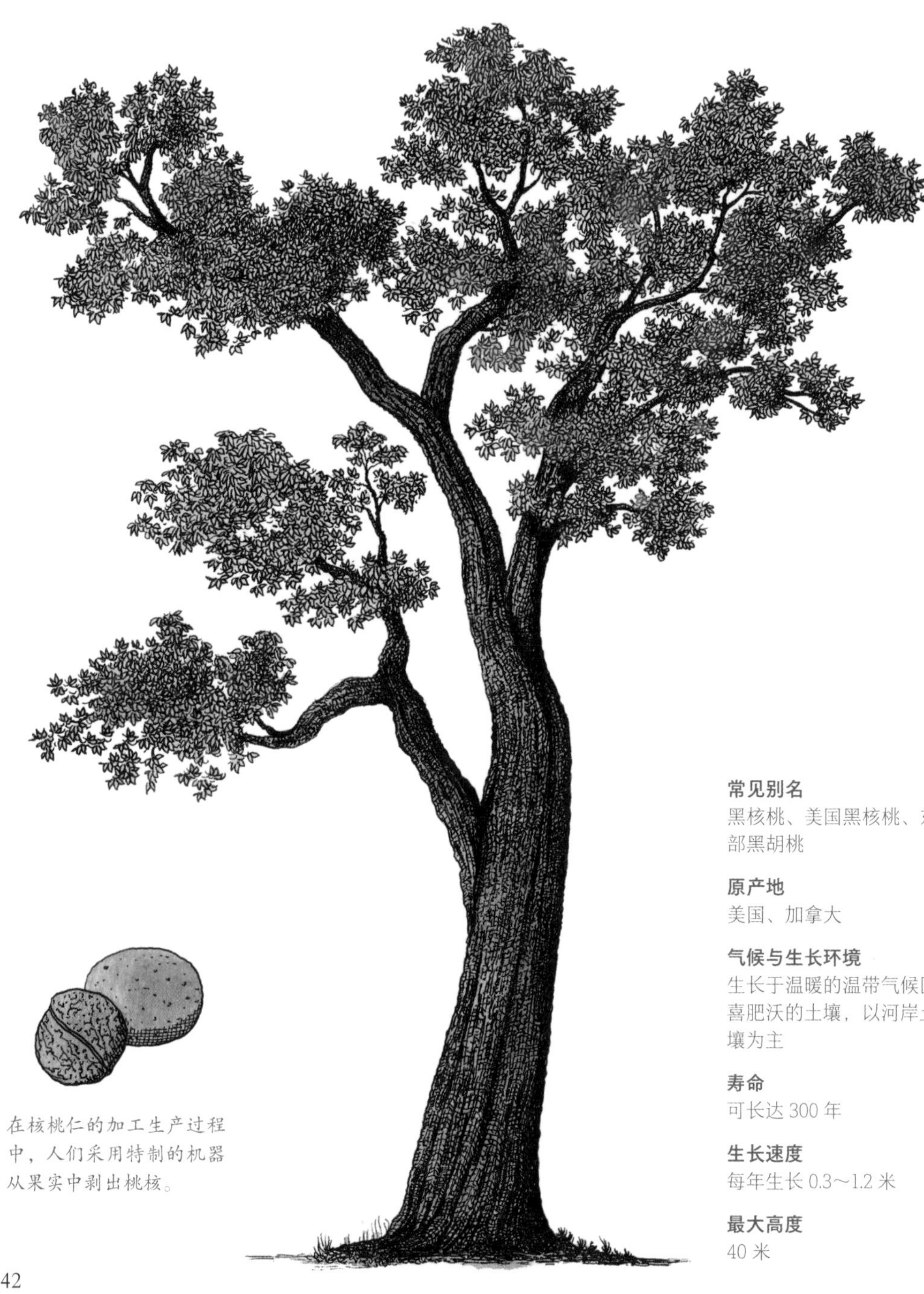

在核桃仁的加工生产过程中，人们采用特制的机器从果实中剥出桃核。

常见别名
黑核桃、美国黑核桃、东部黑胡桃

原产地
美国、加拿大

气候与生长环境
生长于温暖的温带气候区喜肥沃的土壤，以河岸土壤为主

寿命
可长达 300 年

生长速度
每年生长 0.3～1.2 米

最大高度
40 米

黑胡桃树

北美核仁

学名: *Juglans nigra*
科名：胡桃科

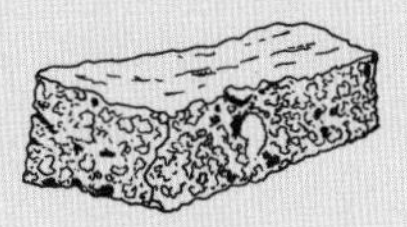

与近亲英国胡桃树一样，黑胡桃树因其果实和木材而备受重视。黑胡桃树原产于北美洲，数千年来，它在土著部落的生活中发挥着重要作用。黑胡桃树姿态雄伟，高大粗壮，树冠外展，在炎炎夏日洒下一片片阴凉。黑胡桃树也很耐寒，在落叶萧萧的冬天，我们可以通过树枝内的木髓或海绵组织来识别它。春天到来时，树枝冒出新芽，芽基有落叶留下的马蹄形叶痕。“黑胡桃树”一词来自其黑色的硬木和乌黑色树皮，树皮有深深的裂纹，即使幼树也是如此。

黑胡桃树的黑色芯材特别漂亮，纹理笔直，呈斑驳状，持久耐用且易于加工。黑胡桃树的果实很大，尺寸和酸橙差不多。在秋天，如果汽车停在树下，黑胡桃果有可能砸坏车辆。作为一种脂肪和蛋白质来源，黑胡桃树对美洲土著居民和早期欧洲移民来说很有价值。众所周知，黑胡桃果仁很难从壳中完整取出来，完成这个过程需要很大的力量和耐心，最后会把双手染成黑色。过去，人们用黑胡桃的外壳制作一种颜色持久的土黄色染料或墨水。

对美洲土著人而言，黑胡桃树的叶子、果壳、树皮和坚果有着令人难以置信的药效，比如用作驱蚊剂、皮肤软膏、泻药和治疗腹泻的药物（令人惊奇的双重药效）、缓解发烧和肾脏疾病的药物，还可以用来缓解牙痛、治疗梅毒和蛇咬。

据说黑胡桃树会从根部渗出生化物质，抑制其他植物的生长。这种现象也发生在其他一些植物身上，被称为“植化相克作用”。黑胡桃树以植化相克作用而闻名，但老普林尼在他的作品中的描述显然夸大了事实:“在黑胡桃树的树冠投影之内，所有植物都会被毒死。”黑胡桃树并不会危害所有植物，当然也不会危害人类。如今，人们把黑胡桃仁添加到烘焙食品中，增加脆爽的口感，或者用作调味品。

正鸡纳树

军队的必需品

学名：*Cinchona officinalis*
科名：茜草科

正鸡纳树是一种灌木或小型乔木，原产于南美洲西部安第斯山脉，在厄瓜多尔最为常见，但也生长于秘鲁、玻利维亚和哥伦比亚。它属于热带山地植物，生长在海拔 1500 米至 2700 米的潮湿地区，四季常绿，花朵为红粉色。

就经济可行性而言，正鸡纳树仍是抗疟药奎宁的唯一来源。1820 年，法国化学家皮埃尔·佩尔蒂埃和约瑟夫·卡文图首次从正鸡纳树皮中分离出奎宁。早在 1632 年，人们就开始把正鸡纳树皮磨成粉，用它的提取物来治疗疟疾，因为耶稣会士兼药剂师阿戈斯蒂诺·萨伦布里诺观察到秘鲁高原的盖丘亚人将正鸡纳树皮磨成粉后倒入一种甜饮料中，以缓解颤抖症状。事实上，盖丘亚人的颤抖不是由疟疾引起的，而是由寒冷引起的，巧合的是，正鸡纳树皮中的奎宁能有效治疗疟疾。

几百年后，疟疾威胁到大英帝国的核心地区。英国士兵、官员及其女眷经常因为疟疾而丧命。英国人开始把正鸡纳树皮磨成粉，与苏打和糖混合起来，形成药用奎宁水的基础成分。据说，驻扎在印度的一名英国军官把这种奎宁水和杜松子酒混着喝，而当时杜松子酒已经是英国人最喜欢的烈酒。后来，“杜松子酒 + 奎宁水”组合成为最受欢迎的药方。温斯顿·丘吉尔有句名言：“较之大英帝国的医生，杜松子酒和奎宁水拯救了更多英国人的生命和思想。”20 世纪初，在建造巴拿马运河的过程中，劳工的死亡率高得惊人，服用了奎宁（不是以杜松子酒 + 奎宁水的方式服用）以后，死亡率大大降低。

第二次世界大战期间，人们担心无法获得正鸡纳树皮，再加上市场对奎宁的需求增加，寻找奎宁替代品变得迫在眉睫。1944 年，美国化学家终于生产出奎宁替代品。自那以后，人们陆续人工合成了其他替代品，但就经济效益和疗效而言，没有哪种替代品能与天然奎宁相媲美。

常见别名
褐皮金鸡纳树、奎宁树

原产地
南美洲

气候与生长环境
生长于湿润的热带气候区；
喜肥沃的土壤

寿命
未知。该树种在 8～12 年树龄
时就遭到乱砍滥伐。

生长速度
每年生长 1～2 米

最大高度
米

正鸡纳树的花簇呈白色或粉红色，属于典型的茜草科植物，同属该科的植物还有咖啡树。

常见别名
刺柏、杜松

原产地
北美洲、欧洲、亚洲、北非

气候与生长环境
生长于凉爽或温暖的温带和亚热带气候区；适应性强，最适合白垩质土壤

寿命
可长达 600 年

生长速度
每年生长 2~5 厘米

最大高度
15 米

欧洲刺柏果实小而苦涩，被用来给杜松子酒调味。

欧洲刺柏

母亲的祸根[1]

学名：*Juniperus communis*
科名：柏科

也许欧洲刺柏最显著的特征是它的地理分布：在所有木本植物中，欧洲刺柏的自然分布范围最广，遍布欧洲（包括英国）、北非、亚洲和北美。它也是最多变的物种之一，通常以不同形态的灌木出现，也能长得像树一样高。这种多变性主要是遗传的，但也受环境因素的影响，包括气候、地理环境和动物摄食等。欧洲刺柏的树皮呈灰褐色，含纤维，薄而易剥落，边材呈白色，芯材呈棕粉色。在某些方面，它就像一棵瘦长的金雀花树，树干扭曲，叶子集中在树枝的末端。

欧洲刺柏的荷兰语为“genever”或“jenever”，这为它结出的苦涩的蓝色果实最广为人知的烹饪用途提供了线索。荷式金酒（Genever）有时也被称为荷兰杜松子酒（Hollands），它与现在的杜松子酒有所不同，但两者皆源自共同的传统，即采用刺柏果作为酿酒原料。伦敦的干杜松子酒得以普及，要归功于荷兰执政奥兰治亲王威廉。1689 年，威廉成为英格兰、苏格兰和爱尔兰国王。威廉和王后玛丽废除了蒸馏酒管制条例，使得几乎任何人都能生产杜松子酒。

18 世纪，工人的工资有时候是用杜松子酒支付的，这种酒差点就毁掉了工人阶级。仅在 1742 年，伦敦的杜松子酒销量便上升到 3.18 万多升（当时的伦敦人口只有 75 万多），迎来了被称为“杜松子酒热”的极度迷醉和内乱的时代，艺术家威廉·霍加斯（William Hogarth）在他的画作《杜松子酒巷》（*Gin Lane*）中生动描绘了这一情景。直到 19 世纪初，杜松子酒才被称为“母亲的祸根”。如今，杜松子酒再次成为一种时尚的饮品，饮用时通常加入冰块、一片柠檬和少许奎宁水。

1 “母亲的祸根”（Mother’s Ruin）一词源于 18 世纪上半叶，许多妇女和母亲迷上了杜松子酒，她们的孩子因此受到虐待。——编者注

野生槭树

制琴师的首选

学名: *Acer campestre*
科名: 无患子科

野生槭树是最美丽的野生树木之一，它有着独特的树皮，春天叶子和花朵呈灰绿色，到了秋天就变成黄油色。作为一种落叶乔木，野生槭树生长速度较慢，在无人为干扰的情况下，可长成中型树木。野生槭树广泛分布于整个欧洲，在北非的阿特拉斯山脉和亚洲西南部也有分布。它与美国梧桐是近亲，也是真正原产于不列颠群岛的唯一槭树品种。英国人更多地将它视为一种经常被砍伐、发育不良的树篱植物，而不是一棵真正的树，这就是称其为“野生”槭树的原因。野生槭树生长得太慢，无法用作商用木材，但正是因为长得较慢，再加上它的小叶子会变换成多种颜色，使其成为理想的景观树。

野生槭树木材的材质声名显赫。在 17 世纪和 18 世纪，住在意大利克雷莫纳市的安东尼奥·斯特拉迪瓦里用野生槭树木材制作出史上最著名的弦乐器。斯特拉迪瓦里采用共鸣板打造他的小提琴，而这种板有着独特的音色，如今仍被广泛视为史上最出色的小提琴。此后，在大约 300 年时间里，人们依旧不清楚一点：这些克雷莫纳古董经过无数次修复，早已破旧不堪，为什么其他类似的乐器仍不能与它们相提并论？人们想出了很多理论，试图解释斯特拉迪瓦里小提琴好在哪里，却无法做出科学的解释。有种理论认为，斯特拉迪瓦里和他的邻居朱塞佩·瓜涅利（瓜涅利也是制琴师，善于制作或修理弦乐器）一起，在制作小提琴之前使用化学物质固化木材。一种更合理的解释可能是，在 1640 年至 1750 年，大量野生槭树被砍伐，斯特拉迪瓦里大约就生活在这个时期，而当时的气候比如今更凉爽，即所谓的“小冰河期”。在此期间，野生槭树的生长速度变得更慢，因而它们的年轮更窄，相应地，木材纹路也比其他时期的野生槭树更致密。

野生槭树还有一种较为不起眼的叫法。在威尔士语中“masern”一词也是槭树的意思，一只名为“mazer”的车削槭木银饰小碗便由此得名。

常见别名
皮槭、篱槭

原产地
欧洲、东南亚

气候与生长环境
生长于温带和亚热带气候的各种栖息地中，但不包括湿地；常用作树篱

寿命
可长达 300 年

生长速度
每年生长 30～50 厘米

最大高度
5 米

几种飞蛾的毛虫以野生槭树的叶子为食，包括梧桐天蛾。

常见别名
智利松、智利南洋杉

原产地
智利、阿根廷

气候与生长环境
生长于温带山地；喜排水良好的酸性火山土

寿命
可长达 1800 年

生长速度
每年生长 15～60 厘米

最大高度
45 米

猴谜树已经存在了 2000 万年左右，因此，它锋利而坚硬的叶子曾经保护它免受恐龙的伤害。

猴谜树

来自远古的种子

学名：*Araucaria araucana*
科名：南洋杉科

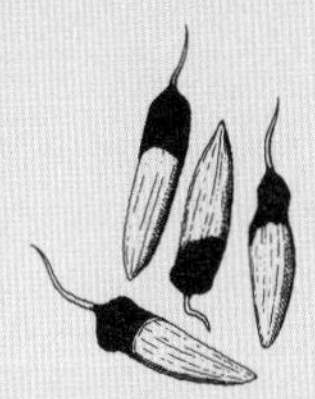

与其他树相比，猴谜树相对容易辨认。它的形状非常独特，就像一棵人造的圣诞树，叶子很厚，有锋利的边缘和尖端。猴谜树这个俗称起源于 19 世纪中叶的英国，当时的英国人已经开始人工培植这种植物。政治家威廉·莫尔斯沃斯爵士因拥有一棵猴谜树而颇感自豪，他在康沃尔郡庄园里向一群朋友展示这棵树时，其中一位客人评论道："即使是猴子，要爬上这种形状奇特的树，恐怕也会感到为难。"猴谜树由此得名。

猴谜树是一种非常原始的针叶树，往往被人们称为"化石树"。近年在澳大利亚悉尼附近发现的瓦勒迈松与猴谜树是近亲。它们共同的祖先可追溯到大约 3.2 亿年前，那时候澳洲、南极洲和南美洲同属一块名为"冈瓦纳大陆"的超大陆。猴谜树的学名 *Araucaria araucana* 源自阿劳卡诺部落（Araucanos），其中一些部落民仍然生活在智利和阿根廷。他们将这种树视为神树，其种子是他们重要的食物来源，可生吃或烘烤后食用。阿劳卡诺人将种子晒干后磨成面粉，加水发酵成一种带宗教色彩的酒精饮料，叫"穆代酒"（muday）。

18 世纪晚期，乔治·温哥华船长率英国皇家海军"发现号"进行环球航行（此船船名是为了纪念库克船长）。这次航行史称"温哥华远征"，除了一两个地方之外，此次航行准确地将美洲西北海岸线描绘到了地图上。来自苏格兰的博物学家、医生及卓越的植物学家阿奇博尔德·门席斯随船出征，后来，人们以花旗松的学名 *Pseudotsuga menziesii* 纪念他。在航行到智利时，智利总督邀请门席斯一起用餐，席间上了一道以某种针叶树种子做成的甜点。门席斯保留了一些种子，回到船上后加以培植。1795 年，他带着 5 棵健康的植株回到英国，其中一棵种在英国皇家植物园邱园。

民间流传着许多关于猴谜树的奇事。据说，路过猴谜树时说话就会带来厄运；把猴谜树种在墓地的边缘，可以防止魔鬼闯入葬礼。还有一种说法称魔鬼生活在猴谜树上，因为撒旦显然拥有猴子的爬树技能。

扭叶松

搭建印第安帐篷[1]的好材料

学名: *Pinus contorta* subsp. *Latifolia*
科名：松科

本书即将完结之际（2017 年 10 月），美国加利福尼亚州的森林野火正以前所未有的规模肆虐着，超过 75 万公顷的森林被烧毁。这听起来也许很可怕，但火灾也是针叶林自然生态的一部分，因为大火烧掉了森林里的老树，为新一代树木和植物的生长创造了有利环境。很多松树只有在大火过后才会播撒种子，而扭叶松就是利用火灾播种的典型树种。

扭叶松原产于北美洲西部的广袤地区，是落基山脉的常见树种，出现在海拔 100 米至 3500 米的亚高山地区。与本地很多竞争性树种不同，扭叶松经过长期进化，能够在恶劣的环境中生长，比如养分不足或高酸性的饱水土壤，或者像美国黄石国家公园地热区那样的高温环境。若生长条件不理想，由于树皮薄、树脂汁液多和具备在茂密森林中生长的能力，扭叶松会创造出适合自己的环境。扭叶松林若发生大火，火势会非常猛烈且具有毁灭性，比如 1988 年发生的那场火灾。当时，美国黄石国家公园因雷击引发山火，过火面积达 3000 多平方千米。大火产生的高温不仅会摧毁地面上的树木和木材，还会破坏地下的土壤生态。扭叶松林大火过后，除了扭叶松以外，没有太多木本植物可以生存下来，但一些野花和野草已经进化，可以在火灾中受益。大火过后，森林恢复生机的速度如此之快，实在令人惊叹。

美洲土著居民常用扭叶松制作圆锥形帐篷的支撑杆。曾几何时，在美国和加拿大的大平原地区，这种帐篷搭建而成的住所很常见。各个部落长途跋涉，穿越平原，就为了获得又长又直的扭叶松木材，因为它只生长在深山老林里。如今，扭叶松继续为人类提供非常理想的木材，用于搭建栏杆、围栏、小木屋、谷仓一类的构造物。

---

1 原文“Tipi”指一种美国印第安人的圆锥形帐篷。——编者注

常见别名

美国黑松、狗毛松、小干松

原产地

美国、加拿大

气候与生长环境

生长于温带亚高山森林；喜渍水至沙质土壤

寿命

最长寿命纪录为 630 年

生长速度

每年生长 20～90 厘米

最大高度

[illegible]0 米

扭叶松球果的鳞片之间含有树脂，只有当温度在 45℃～60℃时，鳞片才会张开。

常见别名
北美柿、美洲柿、东部柿

原产地
北美洲东南部

气候与生长环境
生长于亚热带和暖温带气候区；喜排水良好的肥沃土壤

寿命
可长达 150 年

生长速度
每年生长 60 厘米

最大高度
20 米

苦涩的柿果顶端有冠状物，其实是残留的花萼。

柿树

真正的木杆

学名: *Diospyros virginiana*
科名: 柿科

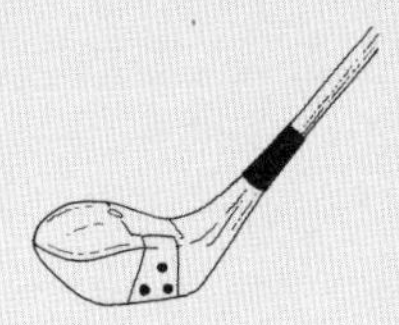

柿树是一种落叶乔木，原产于美国东南部，如今它已向北拓展到康涅狄格州。在冬天，柿树是最容易识别的树木之一，因其树皮上有长方形的深灰色厚块。柿树属植物在欧洲南部也长势良好，那里有柿树的一个近亲品种——日本柿树（*D. kaki*），它也被古希腊人称为“神的果实”。因此，柿树属的拉丁名 *Diospyros* 由两个词组成，*dios* 表示神，而 *spyros* 表示小麦或谷物。

自史前时代以来，美洲土著居民一直种植柿树，收获其果实和木材。柿树的圆形浆果呈橘红色，比网球或棒球小一点，顶端有一个独特的柿蒂，其实是残留的花萼（即花蕾的外层覆盖物）。如今，柿子被用于制作馅饼、布丁、糖果、糖浆、果冻和冰激凌。美国南方人喜欢引诱那些毫无戒备心的人品尝未成熟的柿子，此中苦涩难以名状。柿子的涩味是由幼果中的单宁引起的，类似于正鸡纳或奎宁中的单宁。成熟的柿子富含维生素 C，可生吃，也可煮熟或晒干后食用。

柿木有时被称为白乌木，与其他树种不同的是，它的芯材很少变成乌黑色。柿木硬度高，纹理多变，极受木工青睐，是制作台球杆、高尔夫球杆和鞋楦的理想木材。在金属杆头大行其道之前，高尔夫球场上所用的开球杆和长洞杆通常都是柿木杆。1900 年之前，苏格兰人都用当地木材制作高尔夫球杆，而 1900 年以后，随着胡桃树和柿树从美国引入苏格兰，高尔夫球杆的杆身就变成胡桃木，杆头则变成柿木。

粗皮山核桃

山核桃一样的硬汉

学名：*Carya ovata*
科名：胡桃科

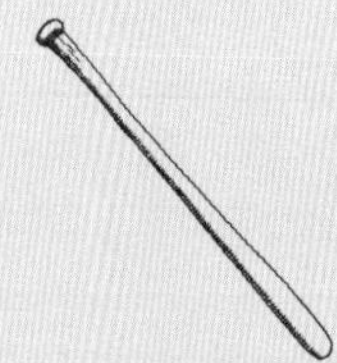

美国第七任总统安德鲁·杰克逊（1829—1837 年在任）被称为“老山核桃”，这源于他敢跟美国第二合众银行对峙并取得了胜利，与山核桃木坚忍不拔的特质十分吻合。位于田纳西州的“隐庐”是杰克逊的故居。在他去世之前，他就规划好了自己的墓地，里面种着各种各样的树木，包括 6 棵粗皮山核桃树。后来，这些树毁于 1998 年的一场风暴。

粗皮山核桃是最常见的山核桃树品种，原产于美国东部和加拿大东南部。这种大型落叶树成年后很容易识别，因为，一方面，顾名思义，成年的粗皮山核桃树有明显的粗糙树皮；另一方面，粗皮山核桃的幼树树皮出奇地光滑。粗皮山核桃树是碧根果树和黑胡桃树的近亲，它们的坚果有明显相似之处。

粗皮山核桃营养丰富，是美洲土著居民的重要食物。遗憾的是，粗皮山核桃树不适合商业种植，因为一棵树要花很长时间才能大量挂果，且其产量很不稳定。该种树生长 10 年后开始结果，但大约 40 年后才会产生大量果实。粗皮山核桃树不会每年都丰产，可能每 3 年到 5 年才会有一次好收成。此外，果实还可能被动物掠食，给果园主人造成严重损失，所以碧根果树才是首选的商业作物。不过，粗皮山核桃树提取出来的汁液可用于制作一种类似于枫糖浆的食用糖浆，只是口感略苦，还带有烟熏味。

与黑胡桃木一样，粗皮山核桃木坚硬、致密、厚重、耐冲击，其燃烧后的烟雾很适合用来熏制腌肉和烹饪肉类。它也被用来制作工具手柄、弓、车轮辐条、鼓槌和高尔夫球杆（这种高尔夫球杆被称为“山核桃杆”）。棒球棒曾经也是用山核桃木制成的，但现在更常用白蜡木，因为白蜡木重量更轻。粗皮山核桃木集强度、硬度和弹性三个方面的优点于一身，是其他任何木材都无法比拟的。

常见别名
鳞皮山核桃树、山核桃树

原产地
北美洲东部、加拿大

气候与生长环境
生长于近北极地区和温带气候地区；喜排水良好的肥沃土壤

寿命
可长达 350 年

粗皮山核桃树的叶子在秋天变成金黄色。

生长速度
每年生长 30～45 厘米

最大高度
35 米

红木有时被称为“大叶红木”，因其羽状叶子较大。

常见别名

大叶桃花心木、纯桃花心木、西印度桃花心木

原产地

墨西哥、中美洲、南美洲、西印度群岛

气候与生长环境

生长于雨林中，常高于其他树木；喜排水良好、潮湿或干燥的沙质深层壤土

寿命

可长达 350 年

生长速度

每年可生长 2 米

最大高度

60 米

红木

高档家具

学名: *Swietenia macrophylla*
科名: 楝科

与其他木头相比，红木也许更能让人联想到高档家具，比如：雅致的椅子、漂亮的桌子、精致的衣柜。从很多方面来说，红木堪称木材中的黄金。曾几何时，西班牙人垄断了来自新世界的红木。到了 18 世纪初，法国和英国也想从红木贸易中分一杯羹。1721 年，从加勒比地区进口到英国的红木被视为英国贸易的重要组成部分，英国人甚至制定了《皇家海军储备法》，废除红木的进口关税。至 18 世纪中叶，英国每年进口 500 吨红木，30 年后这一数量飙升至 3 万吨。该法案还提高了英国对北美 13 个英国殖民地的红木出口量。

起初，红木只是被定为细木工级板材，很快就成为家具制造的最佳选择。这是一个巨大的产业，原始森林遭到无情开发。如今，红木大多出现在大型种植园中。

真正的红木只来自桃花心木属（*Swietenia*）三类公认的品种。其他树属也产类似的木材，但它们都不能被称为“真正的”红木。真正的红木原产于从墨西哥最南端向南的区域，该区域穿过中美洲，延伸到热带南美洲。从某些方面来说，当红木远离雨林，进行人工培植时，它与白蜡树并没有什么不同，两者都具有类似的尺寸、复合羽状树叶以及宽大的圆形树冠。红木粗糙的树干极为独特，不仅颜色深得多，而且树干基部有大量板状根，形成支柱，支撑着高耸的树干。

红木木材纹路笔直，无结节或气穴。这种木材还拥有出色的耐久性和抗腐性，特别适合制作高档木制品。除了这些优点之外，红木呈漂亮的红棕色，经过抛光后散发出饱满的红色光泽，使红木成为展厅里的家具之王。

诺福克岛松

库克船长的宝藏

学名: *Araucaria heterophylla*
科名：南洋杉科

若你计划去地中海度假，请留意当地的诺福克岛松。它是地平线上较高的树木之一，周围可能还有地中海柏树相伴。顾名思义，这种古老的针叶树原产于新西兰北部的小岛诺福克。数千年前，波利尼西亚人就知道它的存在。尽管如此，人们普遍认为首先发现诺福克岛松的是詹姆斯·库克船长。1774 年，库克船长第二次前往南太平洋，此次他率领的是英国皇家海军“决心号”。在距离诺福克岛还有一段距离时，库克就看到了诺福克岛松，他觉得它的树干高大挺拔，有制作船只桅杆的潜质。遗憾的是，诺福克岛松的木材弹性不够，没有达到库克的预期。

诺福克岛松并非真正的松树，而是属于一个古老的针叶树科，该科还包括猴谜树、本亚松和生长于距悉尼 150 千米的峡谷中的瓦勒迈松。在侏罗纪和白垩纪时期，这些树木分布广泛，如今只零星地出现在南半球，堪称化石级别的树种。

凭借独特的外观，诺福克岛松成为温带和热带地区，尤其是赤道南北沿海地区的常见观赏性针叶树。它的轮廓呈对称三角形，树枝倾斜，叶子呈辐射状，犹如人体的肋骨。诺福克岛松既可作为行道树，也可单独种植。在许多国家，它被当作一种室内植物栽培，且常用作圣诞树。用种子培植诺福克岛松是最好、最简单的办法。不同寻常的是，如果用侧枝进行插枝培育，它们将继续横向生长，而不会产生直立的茎。尽管诺福克岛松能够忍受短期霜冻，但只有在无霜气候中，它的长势才最好。

常见别名
异叶南洋杉、星松、波利尼西亚松

原产地
南太平洋诺福克群岛

气候与生长环境
适应温和气候，但多见于海洋性气候，非常耐盐；喜排水良好的土壤，最好是沙质土壤

寿命
至少 170 年

生长速度
每年生长 30～60 厘米

最大高度
65 米

众所周知，诺福克岛松能净化空气中的有害化合物，如油漆、清洁剂和胶水等。

人类和牲畜若吃了未煮熟的肯塔基咖啡树种子就会中毒。种子煮熟后，可当作咖啡饮用。

常见别名
北美肥皂荚

原产地
美国、加拿大

气候与生长环境
生长于夏季能提供充足热量的气候中；适应性强，耐寒，喜肥沃、湿润甚至潮湿的土壤

寿命
可长达 150 年

生长速度
每年生长 30～60 厘米

最大高度
30 米

肯塔基咖啡树

猛犸象最爱吃的豆子

学名：*Gymnocladus dioica*
科名：豆科

当第一批白人殖民者从大西洋彼岸来到肯塔基时，当地的梅斯克瓦基印第安人教他们认识了一种树，即如今的“肯塔基咖啡树”。在法国（18世纪中叶）和美国（独立战争后）的统治下，梅斯克瓦基印第安人境况不佳，但他们烘焙和研磨肯塔基咖啡树种子以代替咖啡的做法得以沿袭下来。

肯塔基咖啡树有一段有趣的历史。在史前时期，梅斯克瓦基人出现以前，这种树能生存下来，要归功于猛犸象和乳齿象。大约500万年前，当时统治地球的大型食草动物以肯塔基咖啡树的种子荚为食，而这正是肯塔基咖啡树进化和传播的方式。它的黑色种子异常坚硬，大小与一个带壳的巴西坚果差不多。只有在酸液中浸泡一段时间，种皮脱落后，种子才会发芽。如今，那些有强酸性胃液的生物早就灭绝了，但肯塔基咖啡树在湿地中生存下来。它的种子埋在湿土里，等待种皮充分腐烂。园丁和育种员可以选择使用浓硫酸浸泡种子几小时，或者逐个剥掉种皮，但前一个选项容易污染环境，后一个选项要耗费大量劳动力。

如今，肯塔基咖啡树被当作一种观赏性植物。它既是春季最后一批从休眠中醒来的树木之一，也是秋季首批落叶的树木之一。肯塔基咖啡树拉丁名中的“*Gymnocladus*”源自希腊语，意为“裸枝”，指的是没有叶子的粗壮树枝。在其他大多数树木枝繁叶茂时，肯塔基咖啡树的叶子仍很少。肯塔基咖啡树的叶子呈优雅的深蓝色和绿色，十分引人注目，而且其形状是独特的二回双羽状（即每片叶子是由多片小叶子组成的，而小叶子本身又由更小的叶子组成，类似于很多蕨类植物）。它的挂叶时间很短，是一种理想的城市行道树，同时为冬季阳光让出尽可能多的空间。

皂皮树

大自然的清洁工

学名: *Quillaja saponaria*
科名：皂皮树科

皂皮树是常绿树种，原产于智利和秘鲁所在的安第斯山脉温带地区，生长在海拔 2000 米的陆地上。起初，人们将其视为蔷薇科成员，但现在已重新归类为皂皮树科。该科的另一个成员是巴西皂皮树（*Quillaja brasiliensis*），原产于邻国巴西。

皂皮树之所以得名，是因为它的内层树皮能产生一种皂沫状的植物化学物质皂苷。在环境问题的压力下，皂苷因其独特的性能而用途广泛。皂皮树产生的皂苷是一种天然发泡剂，可作为较常用的合成表面活性剂（表面活性物质）的真正替代品。在皂皮树的原产地，人们把皂苷与酒精和香柑精华混合起来，用来洗衣服和洗头。皂皮树用途广泛，堪称药房和美容院的结合体，深受安第斯山区的居民重视，他们将其内层树皮晒干磨成粉，制成除痰剂，用于缓解由肺部感染引起的咳嗽。

皂皮树生长缓慢，树干不是很直，树叶较小，茎短，呈闪亮的灰绿色。它会开出大量乳白色小花，吸引许多昆虫前来授粉。到了秋天和冬天，树上结出棕色小果。这些果实裂开后，释放出 10 颗到 20 颗微小的有翅种子。皂皮树的外层树皮又厚又黑，而且非常坚硬。总而言之，皂皮树有一种安静的魅力和顽强的生命力。人们常在干旱的土壤中种植皂皮树，以重新造林。在全球干旱地区，皂皮树被更广泛地使用。美国加利福尼亚州，尤其是旧金山市，已成功地将皂皮树用作景观树。它对污染的容忍度、四季常青的叶子和与优雅的拱形树枝相结合的挺拔身姿，为城市景观做出了很大贡献。

常见别名

皂树

原产地

智利、秘鲁

气候与生长环境

适合温暖的温带或地中海气候，可忍受一定程度的霜冻，但无法忍受长期潮湿；喜排水良好的中性至酸性土壤

寿命

未知（该树种生长非常缓慢，有可能寿命很长，但到目前为止未找到相关记录）

生长速度

每年生长 30 厘米

最大高度

20 米

每到晚春，皂皮树开出迷人的白色星状花朵，花期一直持续到夏天。

常见别名
郁金香树

原产地
美国、加拿大

气候与生长环境
生长于寒温带气候；喜肥沃潮湿的土壤；非常耐寒

寿命
长达 350 年

生长速度
每年生长 20～60 厘米

最大高度
60 米

北美鹅掌楸树龄 15 年时，才迎来第一次花期；在秋天，它的花朵会变成乳黄色。

北美鹅掌楸

美洲独木舟树

学名：*Liriodendron tulipifera*
科名：木兰科

北美鹅掌楸有时也被称为“郁金香杨树”，因为它的木材与真正的杨树相似。数世纪以来，作为特色观赏树，北美鹅掌楸一直种植在世界各地的公园、花园和植物园中。北美鹅掌楸与木兰树是近亲，它已经存在了很长一段时间。大约 5000 万年或更久以前，北美鹅掌楸出现在美洲，而在其他地方，它存在的历史已有 1 亿年。令人惊讶的是，幸存下来的鹅掌楸不止一个品种，包括北美鹅掌楸和中国鹅掌楸（*L. chinense*），前者兴盛于美国东部，后者常见于中国。这两个树种都是远古时代留下来的遗产。

北美鹅掌楸不仅是当地最高的硬阔叶树种，也是世界第二高树种，仅次于北美红杉等针叶树。它是美洲大陆生长速度最快的硬阔叶树，其木材颜色较浅，通常呈黄绿色，带粉色平行纹，容易加工，重量轻且非常耐用。对于生长速度较快的树木来说，这是一种不同寻常的品质。在不同时期，基于不同民族和不同用途，北美鹅掌楸有许多俗名。北美洲东部土著居民称其为“独木舟树”，因为这是他们制作独木舟的理想木材。

北美鹅掌楸的叶子特征明显，叶端有凹口，仿佛被谁咬了一口似的，这也许是该树种最容易识别的特征。北美鹅掌楸在暮春开花，花瓣呈黄绿色，略带一缕橙色。不过，北美鹅掌楸要很长时间才能开花，通常在十几岁的时候第一次开花，然后逐渐变得稀疏，褪去美丽的花瓣，结出圆锥形的果实。

美国首任总统乔治·华盛顿钟爱树木，对园艺有着浓厚的兴趣，他把自己在弗吉尼亚州的弗农山庄变成了私家植物园。当年华盛顿种植的树木中，只有 4 棵存活下来，其中两棵就是北美鹅掌楸。它们种植于 1785 年，即美国独立战争结束一年多以后，此时华盛顿已经重返可爱的家乡。二者中，较高的一棵高 43 米。

道格拉斯冷杉

圣诞树

学名：*Pseudotsuga menziesii*
科名：松科

道格拉斯冷杉并非真正的冷杉，而是针叶树中的巨型树木。1895 年，人们在温哥华岛砍伐了一棵道格拉斯冷杉，那棵树曾是世界上最大的树，砍伐后的长度为 127 米。如今，道格拉斯冷杉在高度方面排名世界第三，仅次于北美红杉（*Sequoia sempervirens*）和澳洲杏仁桉（*Eucalyptus regnans*）。道格拉斯冷杉原产于北美，1827 年由苏格兰博物学家大卫·道格拉斯引入英国。他把树的种子送到欧洲，自那以后，人们为了获取木材而广泛种植这种树，并将它命名为“道格拉斯冷杉”，以纪念这位值得尊敬的苏格兰人。但是，它的学名来自另一个人——阿奇博尔德·门席斯。门席斯是一名医生、植物标本采集者和博物学家，正是他把猴谜树引进到英国，与此同时，他也是道格拉斯最大的竞争对手。

如今，全世界都在人工栽培高大的道格拉斯冷杉，它是建筑业最重要的林业树木之一。它对造船业也很有价值，因其高大笔直的树干特别适合制作桅杆。它的木材坚硬但有韧性，几乎没有结节。道格拉斯冷杉可以活 1000 年或更长时间，而正因为如此，它的树干会出现龋洞，成为秃鹫、食雀鹰和红鸢等猛禽的筑巢地。有一种飞蛾以其叶子为食，雀类和小型哺乳动物则喜欢吃它的种子。在苏格兰，道格拉斯冷杉是松貂和红松鼠的家，这两种动物都有锋利的长爪子，使它们能够在树上随意攀爬和快乐地生活。美洲土著的神话认为，老鼠只要躲在道格拉斯冷杉的球果里，就可以逃离森林火灾。

在过去 90 年里，道格拉斯冷杉已成为美国最受欢迎的圣诞树之一。起初人们从野外砍伐道格拉斯冷杉，令人欣慰的是，自 20 世纪 80 年代始，该树种已开始人工培植，以满足大量的季节性需求。人工培植的道格拉斯冷杉的收获周期在 7～10 年之间。

常见别名
花旗松、俄勒冈松树、北美黄杉木

原产地
北美洲太平洋沿岸从加拿大不列颠哥伦比亚省至美国加利福尼亚一带

气候与生长环境
最适合海洋性气候，但也能适应一系列生长环境；喜中性至酸性的潮湿土壤

寿命
通常长达 650 年；最长年轮纪录为 1300 年

生长速度
每年可生长 20～60 厘米

最大高度
100 米

道格拉斯冷杉不是真正的冷杉。真正的冷杉树的球果直立在树枝上，而道格拉斯冷杉的球果呈下垂状。

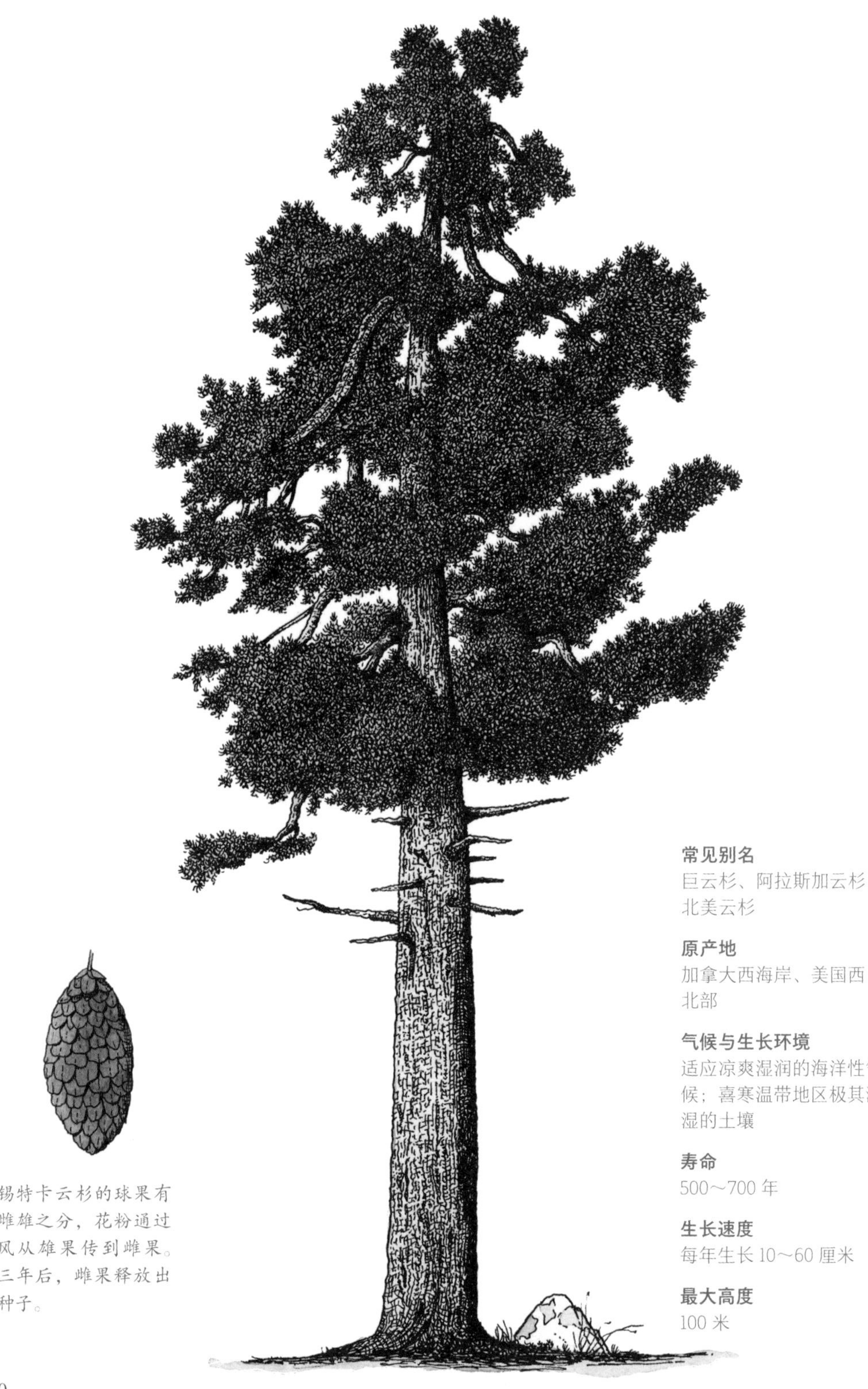

锡特卡云杉的球果有雌雄之分，花粉通过风从雄果传到雌果。三年后，雌果释放出种子。

常见别名
巨云杉、阿拉斯加云杉、北美云杉

原产地
加拿大西海岸、美国西北部

气候与生长环境
适应凉爽湿润的海洋性气候；喜寒温带地区极其潮湿的土壤

寿命
500～700 年

生长速度
每年生长 10～60 厘米

最大高度
100 米

锡特卡云杉

制造飞机的木材

学名: *Picea sitchensis*
科名：松科

几百年前，需要大量木材的行业主要是造船业和铁路业，到了20世纪初，木材成为航空旅行这一全新交通方式的必需品。锡特卡云杉有时也被称为“巨云杉”，是莱特兄弟建造“飞行者号”飞机时选用木材。1903年，该飞行器实现了人类历史上首次重于空气的航空器的受控制飞行。40年后，在第二次世界大战期间，锡特卡云杉的圆形木材被德·哈维兰公司用于生产DH.98蚊式轰炸机。该轰炸机绰号“木制奇迹”，以木材为主要材料，最高时速达604千米。锡特卡云杉有一大优点，那就是它长得又高又直，因此木材里几乎没有结节。锡特卡云杉木既坚硬又有韧性，其圆材不仅适合制作帆船，也适合制造飞机。

和道格拉斯冷杉一样，锡特卡云杉原产于北美洲西海岸，从北部的阿拉斯加延伸至加利福尼亚北部的海岸。经过几个世纪的密集砍伐，天然锡特卡云杉林的数量已经今非昔比，绝大多数已经消失殆尽。然而，其他地方已经在广泛种植锡特卡云杉，尤其是在挪威。锡特卡云杉的树皮呈紫色和灰色，随着树龄的增长，树皮变成板块状。其针状的叶子特别锋利；雄花柔软，呈黄色；雌花呈红色，但很难看到，因为它们生长在树顶。

锡特卡云杉是世界第三大针叶树，也是大卫·道格拉斯的另一项发现。它的英文名称“Sitka Spruce”源自阿拉斯加南部巴拉诺夫岛上的锡特卡镇（Sitka），如今那里仍有天然的锡特卡云杉。它寿命较长，生长速度快，每年产出多达1立方米木材。1831年，锡特卡云杉被引进英国，至今仍是各地林场最受欢迎的树种之一，其木材主要用于造船，制作托盘、包装箱和高质量纸浆。

香蕉树

牙买加美食

学名: *Musa acuminata*
科名: 芭蕉科

芭蕉属是最早被驯化的植物属之一，其中就包括我们常见的香蕉。据估计，人类在公元前 8000 年至前 5000 年便开始人工培植芭蕉属植物。小果野蕉为现代香蕉贡献了主要基因。如今，通过基因分析，我们知道香蕉是杂交品种，与起源于马来群岛（该区域包括马来西亚、印度尼西亚、新几内亚、菲律宾群岛和文莱）的芭蕉属植物和来自中国南方更耐旱的野蕉（*M. balbisiana*）相关。小果野蕉的学名“*Musa acuminata*”据说是为了纪念古罗马皇帝奥古斯都的医生安东尼乌斯·穆萨，他在公元前 63 年至前 14 年培育了这种来自异域的水果。

人类从古时候就开始培植香蕉，时间甚至早于水稻。15 世纪初，葡萄牙水手第一次把香蕉带到了欧洲。加那利群岛首先开始种植香蕉，后来人们把它移植到西印度群岛，并最终在 16 世纪由具有影响力的西班牙传教士、巴拿马红衣主教弗雷·托马斯·德·贝尔兰加带到南美洲。1836 年，牙买加一个香蕉种植园的农夫让·弗朗索瓦·波约特发现了如今的甜香蕉，那是一种结出黄色甜果实的突变品种。在那之前，香蕉只作为一种煮熟的蔬菜食用。随后，甜香蕉从加勒比地区传至北美。起初人们把它当作一种美味佳肴，要用刀叉来吃，如今人们把香蕉皮剥掉后直接食用。任何人都可以将香蕉作为快速补充能量的食物，它尤其适合顶级网球运动员在比赛休息期间补充体力。

实际上，香蕉树并非真正的树。它们坚实的“树干”其实是紧紧卷曲着的叶子所形成的假茎。香蕉树是地球上最大的多年生常绿植物，其巨大的球茎长在地下。在为数不多的几个香蕉品种中，最引人注目的是 1954 年人们在巴布亚新几内亚高地森林中发现的巨型香蕉“擎天蕉”(*M. ingens*)。它高 15 米，基部茎周长为 2 米，巨大的叶子长达 5 米。与之相对的是日本芭蕉（*M. basjoo*），这种香蕉个头小，耐寒，可种植在温带地区（如英国）的户外。它是一种极具异国情调的多年生草本植物。

常见别名

小果野蕉、尖叶蕉

原产地

东南亚

气候与生长环境

生长于潮湿的热带气候；喜肥沃的土壤

寿命

果实生长期为 10～15 个月，随后被根部长出来的新植株取代

生长速度

每年生长 2～3 米

最大高度

5 米

从植物学角度而言，香蕉树是一种大型（准确地说是“巨型”）草本有花植物，香蕉是其浆果。

常见别名
银柳树

原产地
欧洲、亚洲

气候与生长环境
生长于潮湿的低地环境；通常出现在河岸和湖泊周围；喜潮湿的酸性土壤

几种飞蛾的毛虫以白柳叶为食，包括蓝目天蛾。

寿命
50～70 年

生长速度
每年生长 0.6～1.8 米

最大高度
30 米

白柳树

柳树上的皮革

学名：*Salix alba*
科名：杨柳科

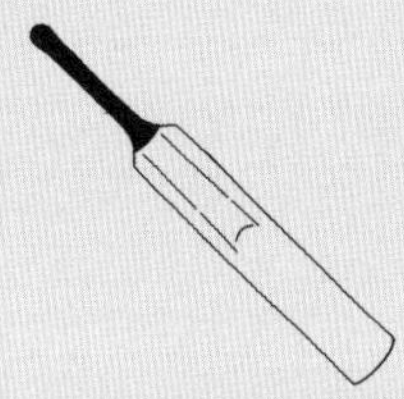

白柳树以其银色的叶子和在微风中显露出来的白色叶柄而得名。白柳树原产于英国和欧洲大陆，一直延伸到西亚。它生长速度快，寿命长，在开阔的景观中最为显眼。为了促进柳条生长，需要对白柳树加以修剪（其强韧的柳条可用来编织篮子），而修剪过后，新树枝就会变成火一样的颜色。

很早以前，人们就已经能识别该品种的几个变种，分别给它们命名，并开发出许多供观赏用的品种。黄枝白柳树（*Salix alba* var.*vitellina*）是最常见的白柳变种，最广为人知的也许是英国柳树（*S.alba* var. *Caerulea*），即木材用于制作板球拍的柳树，发现于 19 世纪初的诺福克郡，稍早于传奇板球运动员 W. G. 格雷斯的出生时间。英国柳树曾被用于制作乳牛场女工使用的轭形扁担和萨塞克斯粗篮（一种轻型木制篮子），如今其柔软的木材只用来制作板球拍。虽然英国柳树仍在英国种植，但大多数板球拍是在巴基斯坦制造的。

柳树是水杨酸的天然来源。1828 年，人类首次从柳树树皮中分离出水杨酸。1853 年，法国化学家查尔斯·弗雷德里克·格哈特用水杨酸生产出乙酰水杨酸，并注册为“阿司匹林”商标。如今，阿司匹林已是世界上产量最大、最常用的药物。

数世纪以来，白柳树为英国做出了自己的贡献。它的木材被用于制作车削产品、木制品、木桶和挡雨板。它还用于制作建造屋顶所需的精美椽子，其坚韧的树枝则被用来制作工具手柄。白柳树皮呈暗灰色，有较深裂纹，是仅次于英国橡树的鞣革材料。与橡树一样，白柳树也是迄今为止制作火药的最佳木炭材料。因此，在大英帝国历史上，它是一种很重要的树种。1605 年，假如桂多·福克斯（Guido Fawkes）的“火药阴谋”[1]得逞的话，他会有充分的理由赞美白柳树，正如英国传奇板球运动员伦纳德·赫顿于 1938 年 8 月在椭圆体育场创下纪录时所做的那样。

1　火药阴谋（Gunpowder Plot）发生于 1605 年，一群亡命的英格兰乡下天主教人试图炸掉英国国会大厦，并杀害正在其中进行国会开幕典礼的英国国王詹姆士一世和他的家人及大部分新教贵族，但并未成功。——编者注

澳洲大叶榕

土著居民的捕鱼术

学名: *Ficus macrophylla*
科名：桑科

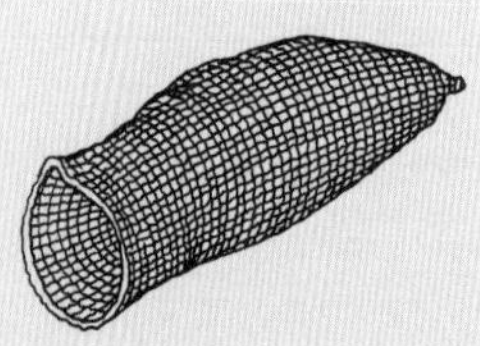

无花果树属于桑科木本植物中的一个大属——榕属，全世界约有 850 个品种，主要生长在热带地区。该科还包括面包果树和木菠萝。澳洲大叶榕原产于澳大利亚，属于榕属的榕树组群。这一组群包括孟加拉榕和最常见的观赏性植物橡皮树（*Ficus elastica*）。这种树通常以附生植物（即生长在寄主植物上的树木）的形式开始生长。孟加拉榕和澳洲大叶榕都被称为“绞杀榕”。这些超凡脱俗的树种从其他树木的树冠上开始生长，树根从树冠向下延伸，直达土壤，并在此过程中绞杀寄主植物。

澳洲大叶榕原产于澳大利亚昆士兰的莫顿湾。其植物学名称为 *F. macrophylla*，从中我们可以找到一些它的外观线索——*phylla* 表示它的叶子是常绿的，而 *macro* 表示阔叶，此外，它的叶子闪闪发亮，甚至有革质光泽，让人联想到橡皮树的树叶。最为引人注目的是它巨大的树干。向下延伸的树根形成独特的支撑根，让人觉得树与土壤融为一体。树根到达地面时会变得更粗壮，为上面巨大的树冠提供更强有力的支撑。一棵澳洲大叶榕可占整整 1 公顷的土地。它对于任何规模的郊区花园来说都太大了，会损坏人行道和建筑物地基。在澳大利亚，过去的土著居民使用澳洲大叶榕的纤维制作渔网、袋子，织布，而如今该树种成为澳大利亚顺势疗法研究的主题。

尽管澳洲大叶榕是一种亚热带雨林树种，但它能适应多种土壤，且特别喜欢潮湿的环境，常生长在温暖、干燥、无霜或地中海气候中。澳洲大叶榕作为景观树种植在布里斯班、墨尔本和悉尼的植物园里。在意大利西西里岛帕勒莫市的码头广场，有一棵引人注目的澳洲大叶榕。那棵树已有 150 多年历史，是欧洲最大的澳洲大叶榕。由于树干和树根缠作一团，其干围无法测量。

常见别名

莫顿湾无花果树、绞杀榕

原产地

澳大利亚东部

气候与生长环境

一种适应性很强的树种，常生长于亚热带、暖温带和干燥雨林的各种类型土壤中；在地中海气候地区，莫顿湾无花果树可作为观赏性植物加以人工栽培

寿命

可长达 270 年

生长速度

每年生长 60～90 厘米

最大高度

0 米

澳洲大叶榕的果实小而甜，果肉质水分少，有颗粒感。

常见别名

四叶澳洲坚果树、昆士兰坚果树

原产地

澳大利亚的昆士兰州和新南威尔士州

气候与生长环境

生长于雨量大、潮湿的无霜气候中，喜潮湿的肥沃土壤

寿命

50～120 年

生长速度

每年生长 30～60 厘米

最大高度

20 米

澳洲坚果有绿色外壳，内含一颗坚果，与胡桃的果实类似。

澳洲坚果树

蜜蜂深爱之树

学名：*Macadamia tetraphylla*
科名：山龙眼科

澳洲坚果树是山龙眼科（Protea）的一员。“Protea”一词由植物分类学之父卡尔·林奈命名，其灵感来自形象多变的希腊海神普罗透斯。澳洲坚果树原产于澳大利亚，而其最具商业价值的两个树种产自昆士兰州，当地人称其为“昆士兰坚果树”。在19世纪的澳大利亚，澳洲坚果树是第一种由欧洲殖民者进行商业种植的原生作物。

澳洲坚果树为小型乔木，但外形很漂亮。夏天，它有着茂密的树冠，长而坚韧、齿状和波状叶缘的叶子；春天，粉红色、长长的柔荑花序从树枝上垂下来。这些花很受蜜蜂的追捧，许多种植坚果的农民与蜂农合作，最大限度地提高二者的产量。澳洲坚果树要花6～7年时间才能开花结果，但漫长的等待是值得的，并且它的坚果因其饱满、柔软的果肉而备受推崇。澳洲坚果的果实外壳是绿色的，类似于胡桃树的果实。像胡桃一样，澳洲坚果的壳打开后会露出一颗可食用果仁。除了橄榄，澳洲坚果仁是降低胆固醇的单不饱和脂肪酸最丰富的来源，因而市场需求量很大。

尽管澳洲坚果树原产于澳大利亚，而且澳大利亚是最大的澳洲坚果产地之一，但按数量计算，绝大多数澳洲坚果商品都产自别处。如今，在美国加利福尼亚和佛罗里达以及墨西哥、南非、肯尼亚和其他许多国家，澳洲坚果树已经成为重要作物。绝大多数商业销售的坚果来自全缘叶澳洲坚果树（*M. integrifolia*）或其杂交品种，主要因为这个品种的坚果含糖量较低，在烘焙过程中不太容易烧焦。澳洲坚果含糖量越高，就越好吃。具有讽刺意味的是，尽管该品种借助商业化渠道在世界范围内传播，但其原产地生态环境的恶化，导致它的生存受到严重威胁，而造成环境恶化的主因是农田开垦以及随后的城市发展破坏了雨林。

王后树

新娘的嫁妆

学名: *Paulownia tomentosa*
科名: 泡桐科

鲜花盛开的王后树无比壮观。它的花朵呈紫蓝色，状如毛地黄。春末夏初，在叶子发芽之前，这些花朵装点着枝头。从远处看，这些花朵与蓝花楹树的花朵相似，但王后树的另一个名字“毛地黄树”（Foxglove tree）表明了二者之间的差异，王后树的花穗呈直立状。它的叶子同样引人注目，尤其是幼树的叶子，宽大的叶子呈心形，覆有绒毛，可达 60 厘米宽。

泡桐科名“*Paulownia*”是由德国出生的日本植物学之父菲利普·弗朗茨·冯·西博尔德命名的，日本人还以许多原产于日本本土的植物名称来纪念他。西博尔德以俄国罗曼诺夫王朝沙皇保罗一世的女儿安娜·帕夫洛夫娜（Anna Pavlovna，生于 1795 年）的名字来给这棵树命名。帕夫洛夫娜后来嫁给了奥兰治亲王威廉二世，成为荷兰的王后。

王后树生长速度极快，在空气和土壤污染严重的美国得克萨斯州，它被用作抗污染的绿化树种。王后树吸收的二氧化碳量是其他树种的 10 倍，并且释放出大量氧气。它能在有毒的土壤中茁壮成长，成熟后又可净化土地。王后树的幼苗种植仅 8 年后就与一棵 40 岁的橡树一样大，并在 1 年内可长高 5 米。

王后树在日本的人工栽培历史较长，日本人称之为“*kiri*”或者叫“公主树”。它因象征性的意义和优良的木材深受日本人的重视。在日本，王后树与女性身份密切相关。每当女婴出生时，按照惯例会种一棵王后树。这棵树会伴随着女孩长大成人，即将结婚的时候，家人把树砍倒，制成木制品，作为女孩的嫁妆。在结婚那天，女孩的父母会送给她一个用她自己的“公主树”做的箱子，用来存放她的和服和其他精美的服装。直到今天，王后树在日本仍然具有深刻的象征意义。在日本首相办公室的印章上，雕刻着王后树的树叶和鲜花图案，作为日本政府的象征。

常见别名

毛泡桐、毛地黄树、公主树、泡桐树

原产地

中国

气候与生长环境

生长于夏季较为温暖的温带气候区，但适应性相当强；土壤越肥沃，王后树生长得越快

寿命

可长达 50 年

生长速度

每年生长 0.8~5 米

最大高度

5 米

王后树有类似于毛地黄的紫蓝色花朵。

西部红杉的叶子压碎后闻起来像菠萝或梨汁。

常见别名

北美乔柏、红杉、西部侧柏、巨型侧柏、太平洋红杉

原产地

美国西北部、加拿大

气候与生长环境

西部侧柏是一种河岸树，生长于森林沼泽和原产地范围内的水道两岸；可适应较干旱地区的多种土壤类型

寿命

至少 1400 年

生长速度

每年生长 10～30 厘米

最大高度

70 米

西部红杉

图腾柱木材

学名：*Thuja plicata*
科名：柏科

西部红杉是一种巨型针叶树，原产于北美西北部，常被误认为是西部红雪松（Western red cedar）。事实上，它并非真正的雪松，甚至与雪松属树种毫无关系。然而，它的木材与雪松很相似，重量轻，极耐腐蚀。100 多年前砍伐的西部红杉木如今仍然可用。在它的原生土地上，西部红杉可以长成参天巨树，通常能达到 60 米高。世界最大的西部红杉生长在温哥华岛上。在其他地方，由于西部红杉能够更好地适应潮湿和阴暗的环境，所以更有可能被用作树篱植物，或者作为莱兰柏树（Leyland cypress）的替代物。

西部红杉有时也被称为“西部侧柏”，这主要是因为北美的其他侧柏（*Thjua*）品种被称为东部侧柏（*T.occidentalis*）。拉丁语“arbor-vitae”意为“生命之树”，是指该树具有药物特性，被北美洲土著居民用于治疗从感冒、体内创伤、风湿病到牙疼、肺部疼痛和性病等各种疾病。在北美洲西北沿海的土著文化中，西部红杉有着悠久的使用历史，并具有重要的精神意义。该地区的美洲土著人称自己为“红杉族人”，因为他们的日常生活离不开这种树。他们用西部红杉的木材搭建房屋，制作器皿、盒子、乐器、箭头和面具等礼仪用品。西部红杉也是制造独木舟的材料。

西部红杉最重要和最显著的用途就是制作图腾柱。在整个北美洲的西北沿海地区，到处都有类似图腾柱，包括加拿大和美国华盛顿州、阿拉斯加东南部，尤其是加拿大不列颠哥伦比亚省（西部红杉是该省的标志）。最重要的是，这些纪念性的木雕是一种交流手段，用以纪念祖先，或作为文化信仰、传说、部落血统、著名历史事件的象征。

本亚松

丰收的坚果

学名: *Araucaria bidwillii*
科名：南洋杉科

本亚松的所有外观都表明它是只有恐龙才能识别出来的物种。这种热带雨林树很像侏罗纪植物，也就是它首次出现在地球上的时期。它的球果大约有恐龙蛋那么大。它的种子包裹在巨大而沉重的球果中，大小与剥去外壳的巴西坚果差不多，营养价值极高，可以生吃或煮熟后食用，又或者磨成面粉。本亚松的树干很粗糙，上部水平环绕着呈锯齿状的结构。它的树枝很少重叠，使整棵树看上去像是一把巨大的洗瓶刷。虽然被称为本亚松，但它不是真正的松树，而是针叶树，与猴谜树的关系最为密切。本亚松原产于澳大利亚昆士兰州，尤其是该州东部地区。

由于木材价值极高，本亚松被欧洲殖民者大量砍伐，数量急剧减少。澳大利亚土著居民的传统受到了威胁，因为对他们而言，本亚松具有重要的文化意义。土著居民曾举办过“本亚松节”，一些部落的居民长途跋涉来参加大型聚会，庆祝坚果获得丰收，聚会往往会持续数月之久。这是一场流动的盛宴，时间取决于球果何时从树上落下。本亚松节也是各个部落为了共同利益而搁置分歧的场合。如今，许多类似的节日依旧举行，但性质已经改变，人们只是借这种节日来享受音乐、美食和文化活动。

本亚松的学名源自英国植物学家约翰·卡恩·比德威尔（John Carne Bidwill），他在 19 世纪记录了澳大利亚和新西兰的大部分植物群。1842 年，比德威尔发现了本亚松，并把它引入英国皇家植物园邱园。

澳大利亚探险家托马斯·佩特里出生于英国爱丁堡，婴儿时期随父母到澳大利亚生活，与土著居民的小孩一起玩，并学会了他们的语言。14 岁时，他受澳大利亚土著人邀请，长途旅行前往邦亚山，去参加当地的本亚松节。后来，他的女儿康斯坦丝记录下了此次事件。1904 年，康斯坦丝写的《托马斯·佩特里对早期昆士兰的回忆》一书，被视为昆士兰州首府布里斯班早期殖民生活的最佳记述之一。

常见别名
大叶南洋杉

原产地
澳大利亚

气候与生长环境
生长于潮湿的热带气候；喜潮湿的酸性土壤

寿命
至少 200 年

生长速度
每年生长 30～60 厘米

最大高度
50 米

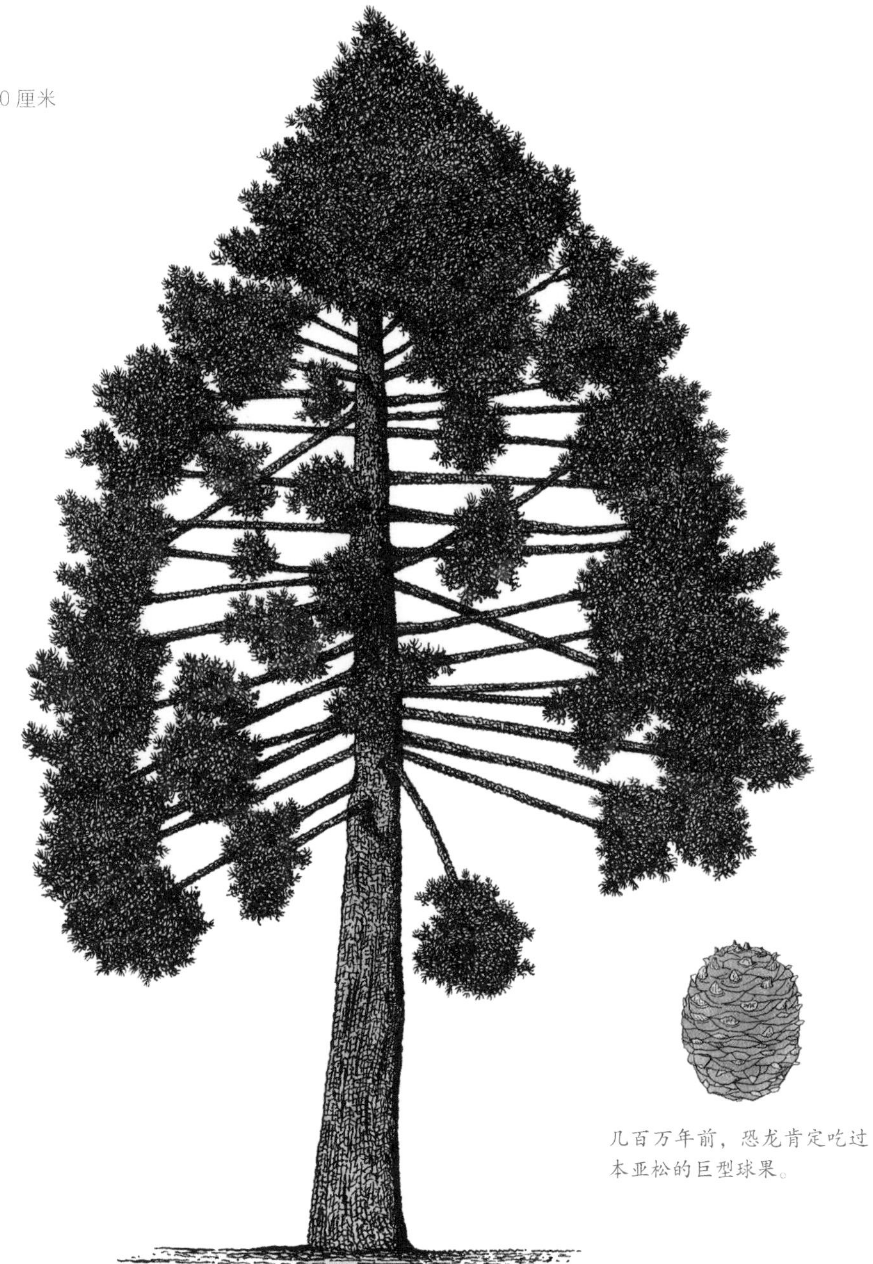

几百万年前，恐龙肯定吃过本亚松的巨型球果。

紫叶山毛榉有着美丽的深紫色叶子，是欧洲山毛榉中一个广受欢迎的品种。

常见别名
山毛榉

原产地
欧洲、亚洲

气候与生长环境
生长于潮湿气候；喜排水良好、钙化或微酸性土壤

寿命
至少 500 年

生长速度
每年生长 10~60 厘米

最大高度
45 米

欧洲山毛榉

树叶开胃酒

学名：*Fagus sylvatica*
科名：壳斗科

在所有森林树木中，欧洲山毛榉是最壮观的树种之一。那些有幸发现小熊维尼、小猪皮杰和克里斯托弗·罗宾世界的人，将会在欧内斯特·霍华德·谢泼德的经典插画《百亩森林》（*Hundred Acred Wood*）中偶遇欧洲山毛榉。它的树干高大粗壮，叶子在春天呈透明的绿色，到了秋天则变成金色和铜色，落叶覆盖地面。其木材质地优良，无疑是生火和制作家具的最佳选择之一。

欧洲山毛榉遍布整个欧洲大陆，但在英国，该树种通常只出现在南部地区。在那里，它没有被视为纯正的本土物种。在欧洲大陆，该树种得到了更为广泛的人工栽培。在法国，欧洲山毛榉很常见，法国人喜欢把嫩叶摘下，浸泡在杜松子酒中，制成“果仁酒”。这是一种美味的开胃酒，酒体呈黄绿色，有坚果味。

比利时的索尼安森林是最大的山毛榉森林之一，位于布鲁塞尔东南部，横跨该国的三个地区：弗拉芒区、瓦隆区和首都区。这片古老且宏伟的森林面积约 45 平方千米，主要由壳斗科树种组成，还有一些橡树和角树。它是广阔的古老“木炭林”遗迹的一部分，该遗迹包含许多迄今至少有 275 年历史的古树，而且这些树仍在生长。

欧洲山毛榉被广泛出口到世界其他地区。除了人们熟悉的紫叶山毛榉之外，它还有大量变种，树叶颜色和习性各不相同，可作为园林观赏植物种植。欧洲山毛榉在美国很受欢迎，它是作为一种装饰性的遮阴树被引入美国的，比本土的山毛榉品种北美水青冈木（*Fagus grandifolia*）更能适应城市环境。位于马萨诸塞州布鲁克莱恩的长木花园（Longwood Mall）于 1850 年建成，占地 1 公顷，那里种植着世界最古老和最大的欧洲山毛榉。在美国的其他公园，同样可以看到欧洲山毛榉，比如纽约的中央公园。对纽约的许多欧洲移民来说，这些美丽的树木或许能让他们想起自己的故土。

蓝花楹

考试树

学名: *Jacaranda mimosifolia*
科名: 紫葳科

蓝花楹是落叶树。在亚马孙河流域的印第安人部落，流传着一个关于蓝花楹的神话。据说，一只叫“米图”（Mitu）的小鸟从天而降，把一位月亮女祭司带到蓝花楹的树冠上。女祭司顺着树爬下来，住在附近的一座村庄里。在那里，她把知识分享给村民，直到米图带她回到天上，让她回到自己的灵魂伴侣——太阳神之子身边。

在巴西、阿根廷、墨西哥、南非等几乎或完全没有霜冻天气的国家，城市街道两旁种满了蓝花楹，而每天都有数以百万计的人行走在这些街道上。每到春天，蓝花楹的枝头挂满美丽的紫色花朵，而在炎热的夏天，它给行人提供凉爽的树荫，因此，“蓝花楹”一词常出现在这些城市的酒店、餐馆、酒吧、商店甚至广播电台名称中。

众多树木在蓝花楹面前都黯然失色，它的美令人窒息，尤其在春天花开满树之时，花的颜色无比惊艳。据估计，南非的比勒陀利亚种有100万棵蓝花楹，这座城市因此有“蓝花楹之城”的别称。每年9—11月，蓝花楹的喇叭形花朵将城市变成蓝色。这样的景色很迷人，但凡事过犹不及。在比勒陀利亚，蓝花楹如今被归类为杂树，栽种受到限制。蓝花楹的开花时间恰逢大学期末考试，于是流传着一个现代版的蓝花楹神话：如果蓝花楹的花朵落在学生头上，那么这个幸运的学生就会以优异的成绩通过考试。

比勒陀利亚不是唯一一座为蓝花楹举办节日的城市。澳大利亚昆士兰州同样举办蓝花楹节，以庆祝春天的到来。当地人经常把蓝花楹称为“考试树”，因为它的花期恰逢大学期末考试，人们还用“紫色恐慌”来描述学生的考前心态。

常见别名
蓝雾树、蕨树

原产地
巴西、阿根廷

气候与生长环境
生长于炎热、干燥、无霜的气候；喜排水良好的中性至酸性土壤

寿命
可长达 100 年

生长速度
每年生长 20～50 厘米

最大高度
20 米

蓝花楹美妙的紫色花朵出现在春天和初夏，花期持续两个月。

常见别名
珙桐树、手帕树、幽灵树

原产地
中国西南地区、华中地区

气候与生长环境
生长于温带地区；喜湿润、适度肥沃的土壤

寿命
可长达 200 年；人工培育的最老珙桐树如今已有 120 岁

生长速度
每年生长 20～50 厘米

最大高度
25 米

鸽子树的花朵由一对白色的大叶状附属物组成。

鸽子树

植物标本采集者的奖赏

学名：*Davidia involucrata*
科名：珙桐科

英国维多利亚时代是观赏性树种的黄金时代，大量树木被引进英国。人们愿付出极大的代价去寻找这些树木，甚至不惜牺牲生命。对于当时的贵族和中产阶级来说，新树种是社会地位的重要象征，如今许多特殊树种仍然种在一些大庄园的花园里。那些庄园原本属于私人所有，但很多庄园现已对公众开放。

在那个时代，人们对树木的渴望无比强烈。商业化的植物标本采集者应运而生，年轻的英国博物学家、绰号“中国通”的欧内斯特·亨利·威尔逊是其中收获最丰的采集者之一。威尔逊受雇于伦敦著名的花木商哈里·维奇爵士，后者专门派他去中国寻找鸽子树并带着它的种子返回英国。然而，最终发现鸽子树的人是法国传教士、敏锐的博物学家阿尔芒·戴维德（Armand David）神父。为了纪念他，人们以他的姓作为鸽子树的学名的组成部分，中国白松的学名 *Pinus armandii* 同样以他的名字命名。戴维德还是第一个描述中国珍稀动物大熊猫的西方人。尽管戴维德在 1869 年首次描述了鸽子树，但他采集的标本在汉江的一次沉船事故中丢失了。1888 年，爱尔兰植物标本采集者奥古斯汀·亨利发现了一棵鸽子树，并将第一批干制标本送到了英国皇家植物园邱园。威尔逊奉命去中国寻找亨利描述的那棵树，可到达中国后，发现它已被当地人砍来建房子了。不过，他找到了更多标本，并成功地向西方引进了鸽子树的种子和树苗。

鸽子树是一种非常吸引人的观赏性落叶树，以其晚春挂上枝头的无数花朵而闻名。花簇为悬吊的球形，直径 1～2 厘米，呈淡红色，每簇花外面覆盖着两片非常大的纯白色叶状物，后者发挥着花瓣的功能。这些改良的叶子被称为“苞片”，就像白色的鸽子在风中飞舞，当苞片从树上落下时，看起来就像掉落的手帕，其别名“手帕树”因此而来。

酸橙树

墨西哥烈酒

学名：*Citrus* × *latifolia*
科名：芸香科

“酸橙”可代指许多柑橘类水果，它们通常是酸性最强的。我们这些既无法亲自种植水果也无法享受原产地水果的人，最有可能在烹饪的食物中或者在金汤力鸡尾酒中碰到酸橙，因为这是它最广泛的两种商业用途。酸橙因其果实较大而受人青睐，与竞争对手墨西哥青柠（*Citrus* × *aurantiifolia*）相比，它更多汁且酸度较低。尽管现在人们认为酸橙是墨西哥青柠和柠檬的杂交品种，但它的起源已经被历史遗忘。众所周知，亚洲是墨西哥青柠和柠檬的起源地，波斯是古代贸易路线的枢纽，因此，二者杂交出来的酸橙也被称为“波斯青柠”。

如今有大量酸橙的人工栽培品种，其中最重要的就是“比尔斯青柠”，也被称作“无籽青柠”或“塔西提青柠”。该品种很可能是人们在 1895 年将酸橙与某种原产于塔西提的水果杂交后选育出来的，其栽培地点是加利福尼亚波特维尔的 J. T. 比尔斯苗圃，因此得名“比尔斯青柠”。比尔斯青柠是一个更耐寒的品种，果实较小，皮薄无籽，呈深绿色，与其他许多酸橙一样，成熟时会变黄。

墨西哥是酸橙的主要产地，也是龙舌兰酒的发源地，而龙舌兰酒的酿造基本在哈利斯科高地完成。酸橙与龙舌兰酒是绝佳搭配，喝龙舌兰酒的经典方式如下：先在手背上撒点盐，用舌头舔一舔，然后喝一杯龙舌兰，再咬一口酸橙片。据说，盐可以缓解墨西哥食物中的辛辣味，而酸橙有助于减少龙舌兰酒的涩味。

与其他许多柑橘树一样，波斯青柠树枝浓密，树叶呈橄榄绿色，花朵洁白芬芳。在有利的气候条件下，酸橙树全年都会开花结果，而 6—8 月是其无籽果实的收获期。

常见别名
塔希提青柠、比尔斯青柠、波斯青柠

原产地
亚洲

气候与生长环境
生长于温暖的亚热带或热带气候；喜排水良好的潮湿土壤

寿命
可长达 100 年

生长速度
每年生长 20～60 厘米

最大高度
5 米

波斯青柠比墨西哥青柠（Key lime）个头更大，更多汁，酸性更低，且籽少皮厚。

蒙特利柏树叶为叠生的芳香小叶。

常见别名
大果柏木

原产地
美国加州

气候与生长环境
生长于凉爽潮湿的海洋性气候；喜肥沃潮湿的土壤

寿命
可达 250 年

生长速度
每年生长 30~60 厘米

最大高度
25 米

蒙特利柏树

加州的孑遗树种

学名: *Cupressus macrocarpa*
科名: 柏科

在美国加利福尼亚圆石滩一处露出地面的岩石上，矗立着著名的“孤柏”。这是一棵饱经风霜的柏树，现在由钢绳支撑着。它是北美最受摄影师欢迎的拍照对象之一。它的树种名叫“蒙特利柏树”，与黎巴嫩雪松一样，蒙特利柏树拥有一眼即可识别的标志性外形。它的树干稍微倾斜，树枝宽大且呈水平状，老年蒙特利柏树的顶部通常是平的，这是经年累月受大风凌虐而成的形状（令人啼笑皆非的是，如今有些地方仍然把蒙特利柏树用作防风树），其扭曲多瘤的树干使整棵树显得非常古老。事实上，尽管有着老态龙钟的外形，而且传说称一些蒙特利柏树活了 2000 多年，但目前没有确凿的证据证明蒙特利柏树的寿命超过几百年。蒙特利柏树的生长速度确实快得惊人，很快就能达到成年树木的尺寸。事实上，蒙特利柏树正是无处不在的杂交品种莱兰柏树（*Cupressus* × *leylandii*）的亲本树种之一。

蒙特利柏树的原产地只限于加利福尼亚中部沿海一个面积不大的地区。在卡梅尔湾的北部和南部，如今仍存在两个蒙特利柏树群，一直延伸至北部的柏树岬。尽管原产地范围缩小，但世界其他地方已经广泛种植蒙特利柏树。澳大利亚和新西兰的部分地区已经成功栽培出蒙特利柏树。在 20 世纪初的新西兰，蒙特利柏树是保护沿海农场免受海水伤害的首选树，后来被应用于农场式林业。如今，它被简称为“大果柏木”（macrocarpa），新西兰人仍将其用于造林，但由于真菌溃疡病在较温暖、干燥的内陆种植园中似乎更为普遍，因此，其使用受到越来越多的限制。至于这一现象的成因，人们仍在研究当中。很明显，蒙特利柏树更喜欢较凉爽的地区。就像人类一样，只有当树木健康时，它们才能抵御疾病。

马栗树

儿童之树

学名: *Aesculus hippocastanum*
科名: 无患子科

英国的儿童喜欢玩一种叫“康克”的游戏，这种游戏的主要道具就是马栗树的果实，该树因此也被称作“康克树”（conker tree）。马栗树是一种高大雄伟的观赏性行道树，有着伸展的枝条和圆形的树冠。春天里，马栗树的褐色花蕾开出蜡烛状的直立花序，该花序由许多单独的花朵组成，花朵呈白色，花瓣长在树枝末端，上方有红色斑点。每年 5 月，一棵开满鲜花的马栗树给人美的视觉享受。正因为如此，这种原产于南欧品都斯山脉和巴尔干山脉一片较小区域的树木得以引进到欧洲大部分地区，并被广泛种植在公园、庄园和街道旁。

德国的露天啤酒花园基本都种有马栗树，尤其在巴伐利亚州。现代冷藏技术出现之前，马栗树被用来给储藏啤酒的地窖遮阴，如今在马栗树的树荫下，人们可以享受几杯琥珀色的麦芽啤酒。美国和加拿大的城市街道和公园也普遍种植马栗树。

欧洲有一棵非常著名的马栗树，它生长在荷兰阿姆斯特丹建于 17 世纪的运河小屋旁。“二战”期间，德国出生的安妮·弗兰克和家人躲在屋子的密室里，用日记记录下纳粹的暴行。那棵马栗树对她来说非常重要，她在《安妮日记》中数度提及。众所周知，这棵“安妮·弗兰克树”在战争中幸存下来。此后，该树患病多年，2007 年 11 月，有人开始谴责这棵树，提出应该把它砍掉。然而，该提议激起了民众的愤怒情绪。法院颁布禁令，禁止砍伐该树。为了拯救这棵树，人们成立了一个慈善组织，但在 8 月的一场暴风雨中，它被吹倒且遭到残酷的打击。起初，树干底部长出分叉，让人以为这棵树会再生，但它最终在 2010 年被宣布死亡。幸运的是，从树上保存下来的种子被送到美国，培育成 11 棵树苗，并分发给各地的纳粹大屠杀纪念中心，包括公园、博物馆和学校。

常见别名
欧洲七叶树、康克树

原产地
欧洲东南部

气候与生长环境
生长于寒带至暖温带气候；
喜肥沃的深层土壤

寿命
可长达 300 年

生长速度
每年生长 50～80 厘米

最大高度
40 米

“康克”（conker）一词源自英文的“贝壳”（conch），因为人们最初是用蜗牛壳来玩这个游戏的。

常见别名
黎明红木

原产地
中国湖北省

气候与生长环境
生长于温带潮湿地区，比如河岸、涝原或降雨量大的地区

寿命
可长达 600 年

生长速度
每年生长 0.3～1 米；60 年里通常可长 30 米

最大高度
60 米

水杉是水杉属中唯一活着的树种，属于落叶乔木，而非常绿乔木，即它会在秋天落叶。

水杉

活化石

学名: *Metasequoia glyptostroboides*
科名：杉科

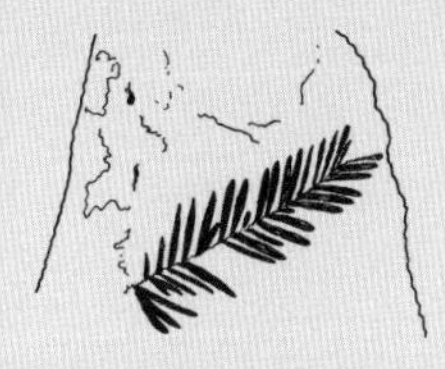

如今，虽然水杉非凡的金字塔树形和宽大粗糙的树干基部已经为人所熟知，但在“二战”之前，人们对它的了解仅限于“活化石”这个称号。1941 年，日本京都大学的古植物学家三木茂博士在研究化石样本时发现了这一树种，并首次将它描述为中生代的化石。当时，他意识到眼前的样本是一种古植物的新属，于是给它起了个学名: *Metasequoia*（类似红杉）。同年，一位名叫干铎的中国林学家在四川偶然发现了一棵巨大的活体标本，虽然他不知道三木茂将它归为新品种，但还是意识到那棵树十分奇特。当地村民称其为“水杉”，并把神龛置于树中。发现该树种的消息传到了美国。1948 年，哈佛大学阿诺德植物园派遣一个种子采集小组前往中国。就这样，水杉从中国被分发到世界各地的植物园。

人们曾经认为水杉已经随着恐龙的灭绝而绝种了。水杉不仅是一种活化石，它还具有很高的观赏价值。它重新引起了人们对树木的兴趣，这种兴趣曾因战争而受到压抑。早年，在复活水杉的过程中，因其稀有性和美丽的外形，苗圃工作者迫切地想增加水杉的数量。随着越来越多的人了解水杉，它向世人展示了自己作为园景树的美丽。水杉的叶子像蕨类植物，在春天呈明亮的祖母绿色，在秋天变成黄褐色，并带有淡淡的铜粉色或炽热的红色。它的树干特别引人注目，基部非常宽大，粗糙的树皮呈红色，布满深沟和扭曲的纹路，裂缝内通常生长着绿色苔藓。这些扭曲的树干既起到支撑作用，又极具观赏性。

水杉很容易栽培。由于成年水杉体形巨大，较小的花园可能不适合种植，但可以把它作为盆景培植。水杉不太适应干旱环境，却能适应海洋性气候和受到污染的环境，因而成为一种很好的行道树。中国的邳州拥有世界上最长的水杉大道。最初，这条大道长 60 千米，并在 1975 年首次种植了 100 多万棵水杉。如今，邳州市已经拥有 500 万棵水杉，堪称种植水杉数量最多的城市。

白桦树

北方有佳人

学名：*Betula pendula*
科名：桦木科

优雅的白桦树常被称为“森林女神”，它光滑的白色树干使它很容易辨认，尤其是在冬天。白桦树的原产地从整个欧洲延伸至亚洲。苏格兰高地的加里东森林有着最原始的白桦树，它在当地贫瘠的酸性土壤中茁壮成长。加里东森林是真正的原始森林，从上一个冰河时代形成后几乎就没有变化。如今，白桦树与苏格兰松一起，仍然主宰着加里东森林。

高龄的白桦树很少见，但在适宜的环境中，它生长和传播的速度很快。白桦树的树枝光滑纤细，呈深紫褐色，表面有类似于小疣的结节。4月，叶芽绽放，露出了带有长叶柄、边缘呈锯齿状的树叶。这些叶子从浅绿色长成深绿色，在初秋时变成黄色。白桦树的优质木材呈黄白色，硬度足以制作普通的木工制品，只是其材质稍微容易腐烂。如果你穿过一片白桦林，就会看到一些倒在地上的空心树干，里面的木芯已经腐烂，只留下完好无损的树皮，为许多林地生物创造了理想的藏身之处。这表明白桦树的木材具有多孔的特质，过去人们用白桦树里渗出的汁液酿酒，如今仍有狩猎采集者会偶尔生产这种饮品。白桦树的树皮含有一种黏性很强的树脂，曾用于制作鞣酸和胶水。树皮本身经久耐用，而且可以防水，传统上用作屋顶瓦片。

白桦树不仅美丽，而且在整个人类发展史上发挥了重要作用。在北欧严寒的冬季气候中，人们以往需要白桦坚硬的木材来保暖、搭建房屋、制鞋、入药和制作饮品。白桦树的树枝细长如绳，如今仍然是制作扫帚的主要材料。在芬兰，白桦树自1988年以来就一直是国树。芬兰人蒸桑拿时，用带叶子的白桦树枝轻轻抽打自己的身体，据说这样可以放松肌肉，舒缓蚊虫叮咬引起的刺激。在斯堪的纳维亚半岛，白桦树的商业价值最高，那里广阔的白桦森林是主要的造纸原料。

常见别名
垂枝桦、桦皮树

原产地
欧洲、亚洲

气候与生长环境
适应性极强，适合除严重干旱或洪涝以外的地区；喜酸性土壤，尤其是欧石楠丛生的荒野

寿命
50～100 年

生长速度
每年生长 10～80 厘米

最大高度
30 米

芬兰人喜欢用白桦树叶子制茶。

常见别名
鱼骨松

原产地
澳大利亚（新南威尔士州、维多利亚州、塔斯马尼亚州）

气候与生长环境
适应性极强，适合大部分地区，除了潮湿地区

早春时节，开着黄色花球的银荆树蔚为壮观。

寿命
不超过 30 年

生长速度
每年生长 0.6~2 米

最大高度
30 米

银荆树

给予人力量的鲜花

学名: *Acacia dealbata*
科名：豆科

就像红玫瑰已经成为情人节的象征一样，银荆树，尤其是它的花朵，近年来已经成为国际妇女节的象征。在意大利，人们尤为热烈地庆祝妇女节。每年的 3 月 8 日，女性们会获赠和收到象征着团结的银荆树花枝。

银荆树花被选作妇女节礼物，这一点也不奇怪。银荆树花序呈圆锥形，由大量黄色花球组成，它们传播早春最怡人的香气和景象，暗示着冬天即将结束。可想而知，蜜蜂和昆虫也喜欢银荆树花，尤其对蜜蜂而言，银荆树花是晚冬重要的食物来源。若没有被艳丽的银荆树花挡住，其羽状的树叶清晰可见，这些宽大的树叶如羽毛般柔和，通常呈蓝绿色，偶尔也有银绿色的叶子。

银荆树在南欧相当常见。在南欧的某些地区，银荆树属于引进品种。它有可能作为观赏性植物被引进，在鲜切花贸易中，银荆树花和叶子备受推崇。在法国南部，从银荆树花提炼出来的油被用作高档香水的固着剂，银荆树花的迷人香味也被融入一种叫“金合欢”（Cassie）的净油（净油是一种浓缩的芳香烃，与精油相类似）中，而金合欢也产自另一种带刺的近亲树种“金合欢树”（*Acacia farnesiana*）。

银荆树可忍受 –10℃的低温。只要温度允许，它就能长成一棵中等大小的精致观赏树。银荆树花数量众多，甚至会覆盖着优美、柔软、整齐的羊齿状树叶，而当它们从树上落下时，完全盖住地面，犹如一块金色的地毯。银荆树生长速度非常快，但不是特别长寿。在其原产地澳大利亚，银荆树经常遭受丛林大火，而能够生存下来，不仅因为它可以通过根部再生，还因为火焰使土壤中休眠已久的种子的坚硬种皮开裂，只要有水分，它们就能发芽。因此，银荆树是第一批在烧焦的土壤上重新生长的树木之一。

豆梨树

幸存之树

学名: *Pyrus calleryana*
科名: 蔷薇科

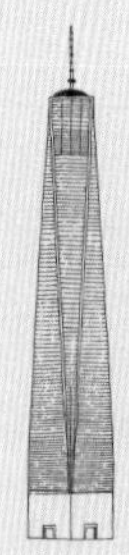

就观赏性而言，豆梨树乏善可陈，但它是城市里最常种植的行道树之一。豆梨树能承受污染的环境，在黏重的土壤中也能茁壮成长，几乎是一种坚不可摧的树种，所以每当城市制订绿化方案时，总会把它作为首选的树种。2001 年 9 月 11 日，纽约世贸中心遭受恐怖袭击后，人们在废墟中发现了一棵烧焦了的豆梨树树桩。它被移植到别处，在人们的精心培育下恢复了健康，这更加证明了它极强的再生能力。10 年后，它又被重新种在世贸中心遗址上。如今，它再次矗立在那里，光彩夺目，赢得了“幸存之树”的美誉。

1872 年，法国传教士约瑟夫·马里·加略利（Joseph Marie Callery）在访问中国时发现了豆梨树，豆梨的拉丁文名（*Pyrus Calleryana*）便由此而来。1908 年，豆梨被欧内斯特·亨利·威尔逊引进英国，成为他在 19 世纪末至 20 世纪初带到西方的 2000 个植物物种之一。直到 1918 年弗兰克·迈耶把它带到美国，豆梨树才引起人们的兴趣。这是迈耶在同年 6 月不幸去世前最后引进的植物之一。当时，他从一艘日本船掉进了长江，尽管其尸体后来被人找到，但他的确切死因如今仍是个谜。

豆梨树是北半球最重要的果树之一，而梨属本身就是一个大属。梨属的所有树种都具有木质紧密和耐用的特点，尤其适合制作木管乐器。人们选择那些花朵繁茂、秋叶颜色诱人的豆梨品种进行无性繁殖。“布莱德福德梨树”（Bradford）就是豆梨树无性繁殖的一个品种，如今它几乎已经遍布北美大部分城市。

刚开始时，豆梨树似乎非常适应自己的栖息地，随着时间的推移，它变得极易受到暴风雨的摧残。再者，它开出的花朵有一种极其难闻的气味。在北美洲很多地方，它逃脱城市的束缚，在较为荒野之地开始新生，但这也危害到当地植物群的生存。加略利若泉下有知，必定更愿意人们记得他是《汉文总书》（该书出版于 1842 年）的编撰者，而非豆梨树的发现者。

常见别名
杜梨

原产地
中国、越南、韩国、日本

气候与生长环境
适应力很强；适合大部分地区，除了极度干旱或水涝严重的地区

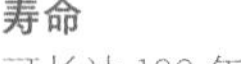

寿命

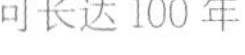

可长达 100 年

生长速度
每年生长 20～50 厘米

最大高度
15 米

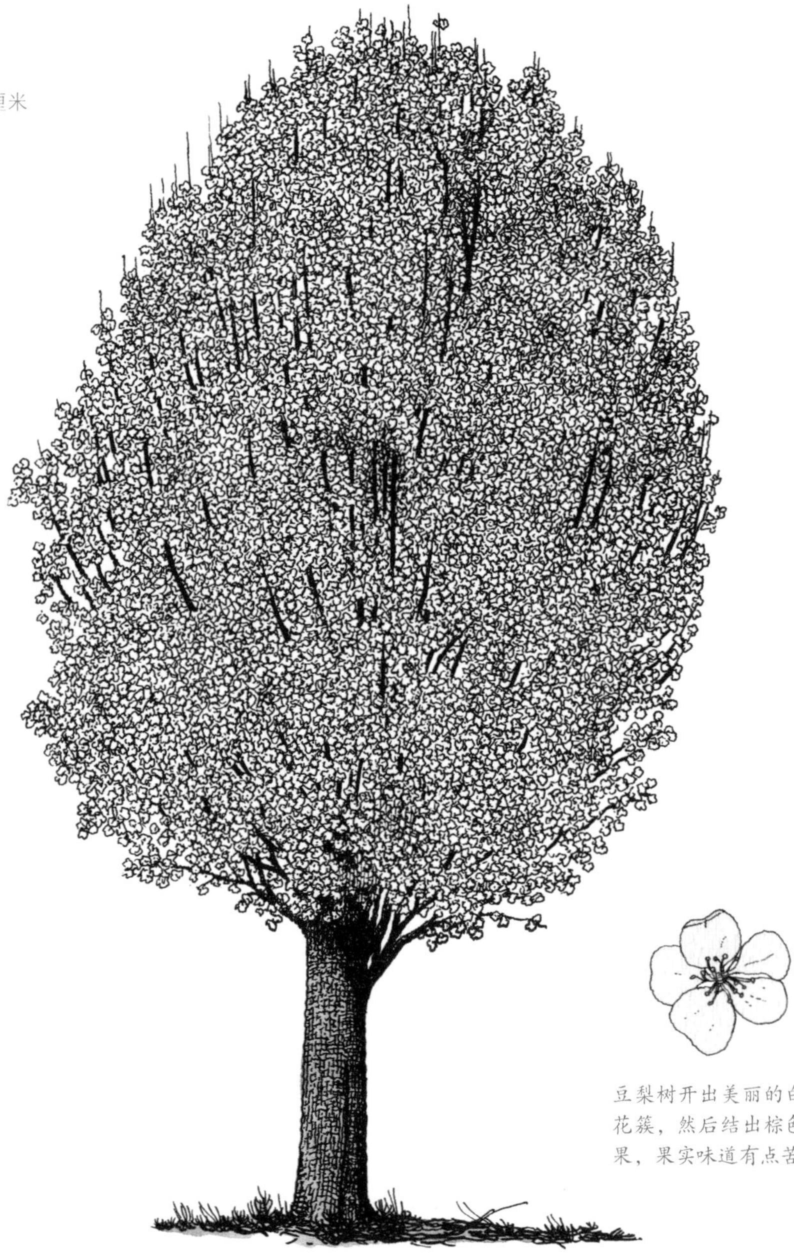

豆梨树开出美丽的白色花簇，然后结出棕色梨果，果实味道有点苦。

常见别名
无

原产地
秘鲁、厄瓜多尔

气候与生长环境
生长于海拔 1800～2400 米潮湿的山地云雾林

寿命
每年生长 5～10 厘米

生长速度
未知

最大高度
25 米

印加埃瑟树踪迹难寻，其叶子宽大、闪亮，呈革质。

印加埃瑟树[1]

新发现树种

学名：*Incadendron esseri*
科名：大戟科

以印加埃瑟树作为本书的结尾再合适不过了。印加埃瑟树隐匿于秘鲁安第斯山脉云雾缭绕的森林中，直到 2017 年才被正式命名和描述，这棵树向我们展示了更多关于其本身独特迷人的历史。

印加埃瑟树是史密森学会和维克森林大学的研究人员在研究秘鲁独特生态时发现的。在安第斯山脉一个相当狭窄的海拔范围内，存在着世界上最具生物多样性的区域，那里云雾缭绕，树林密布，极其偏远，但并非无法进入，印加埃瑟树是该地区的常见树种。研究人员最初是在著名的“特罗查尤尼恩路线”[2]上看到这种树的，该路线由崇拜太阳神的印加文明建造，从海拔 3600 米的著名日出眺望台特雷斯克鲁塞斯（Tres Cruces）一直向下延伸至安第斯山脉海拔较低的谷物产区和海拔更低且浩荡的亚马孙河。

印加埃瑟树本身具备乔木的特征，其树枝有的卷曲，有的下垂，沿着带鳞片状树皮的扭曲树干向上蜿蜒，叶子类似于月桂树叶，宽大、闪亮，呈革质。印加埃瑟树是大戟科的成员，这一科还包括草本植物、乔木和灌木。除了印加埃瑟树和橡胶树之外，大戟科还包括从木薯到蓖麻油植物，从烛果树到猩猩木等各种各样的植物物种。大戟科的成员虽然外表不同，但都有一个共同特征：当它们受损时，就会释放发出一种黏稠的乳胶。如果印加埃瑟树早些年被人发现，“橡胶树”这个名称很可能就归它了。

也许我们应该以史密森国家自然历史博物馆植物学家肯尼斯·沃达克（Kenneth Wurdack）的话作为结束语：“在被命名为新树种之前，这棵树困扰了研究人员好几年。它表明我们对于生物多样性的了解非常有限，新物种正等待着我们去发现。它们不仅存在于偏远的生态区，也有可能出现在我们自家的后院。”

1　此树为新发现树种，尚无对应中文学名，此处为音译 ——译者注

2　“特罗查尤尼恩路线”（Trocha Union trail）是印加人使用的主要农业路线，也是土著人民将亚马孙低地连接到安第斯山脉顶部的主要路径。——编者注

作者简介

凯文·霍布斯 Kevin Hobbs

有 30 多年从业经验的园艺专家，英国汉普郡希利尔花园研究与发展中心的负责人，同时为惠特曼园艺公司培育植物新品种。他为英国女王浮若阁摩尔宫提供园艺建议，为 2012 年皮特·奥多夫设计的伦敦奥林匹克公园进行植物造景。与人合著《希利尔花园园艺师指南：宿根植物》。

大卫·韦斯特 David West

英国汉普郡希利尔花园训练有素的园艺师、坚定的环境保护主义者，有 35 年树木栽培经验。他通过邮购网站 PlantsToPlant.com 经营自己的园艺事业，擅长培育珍稀植物品种，旨在通过人工培育保护珍稀植物物种，提高其普及性。

插画师简介

蒂博·赫勒姆 Thibaud Hérem

法国插画师，现移居伦敦。作品有《认识啮齿动物》（*Know Your Rodent*）、《画一座房子》（*Draw Me a House*）、《伦敦的装饰艺术》（*London Deco*）等。他一丝不苟的建筑插画是伦敦地铁和利伯蒂百货商店的一道风景。在日本旅居一年的经历，深刻影响了他的插画风格。

译者简介

李文远

1979 年生，毕业于四川外语学院（现四川外国语大学）国际法商系，现已出版《躁动的日本》《交火的日子》《巨浪上的舰队》《海洋文明史》《走私》《漫长的诉讼》《石油简史》《孵化皮克斯》《无辜者的申诉》《拾荒》等 40 余部译作。

内容简介

这是一本科普性和故事性达到绝妙平衡的书。从有 2.7 亿年古老历史的银杏树到新发现的树种印加埃瑟树，作者由古及今，细说全球 47 科 100 种树的故事，以及它们对人类的贡献。树一直与人类相伴，深刻地改变了人类的生活方式，为人类文明烙上了不可磨灭的印记。书内的每一种树都配有艺术插图，逼真地展现了树的形态特征及其不同之处。可以说，这是一眼亿年的视觉之旅、有关全球树木的知识盛宴、植物学家和普通读者都喜欢的故事集。

图书在版编目（CIP）数据

树的故事：改变人类生活的100种树 / (英) 凯文·霍布斯, 大卫·韦斯特著；(法) 蒂博·赫勒姆绘；李文远译. -- 北京：北京联合出版公司, 2024.7

ISBN 978-7-5596-7622-1

Ⅰ. ①树… Ⅱ. ①凯… ②大… ③蒂… ④李… Ⅲ. ①植物学—普及读物 Ⅳ. ①Q94-49

中国国家版本馆CIP数据核字(2024)第091104号

北京市版权局著作权合同登记 图字：01-2024-0343

树的故事：改变人类生活的 100 种树

著　　者：［英］凯文·霍布斯　［英］大卫·韦斯特
绘　　者：［法］蒂博·赫勒姆
译　　者：李文远
出 品 人：赵红仕
选题策划：银杏树下
出版统筹：吴兴元
编辑统筹：郝明慧
特约编辑：潘　萌
责任编辑：夏应鹏
营销推广：ONEBOOK
装帧制造：墨白空间·黄怡祯

北京联合出版公司出版
（北京市西城区德外大街 83 号楼 9 层　100088）
后浪出版咨询（北京）有限责任公司发行
天津裕同印刷有限公司印刷　新华书店经销
字数 179 千字　690 毫米 × 960 毫米　1/16　13.25 印张
2024 年 7 月第 1 版　2024 年 7 月第 1 次印刷
ISBN 978-7-5596-7622-1
定价：106. 00 元